不一样的 数学故事 2

张秀丽 著

山东教育出版社

图书在版编目(CIP)数据

不一样的数学故事：升级版. 2 / 少军，张秀丽，
米吉卡主编；张秀丽著. — 济南：山东教育出版社，
2016（2020.3重印）

ISBN 978-7-5328-9450-5

Ⅰ.①不… Ⅱ.①少… ②张… ③米… Ⅲ.①数学—
少儿读物 Ⅳ.①O1-49

中国版本图书馆CIP数据核字（2016）第121935号

特约审读

徐国钊　王洪滨　于　玲　贺建帅　杨艳萍
任　敏　罗　楠

BU YIYANG DE SHUXUE GUSHI 2

不一样的数学故事　2

主管单位：山东出版传媒股份有限公司
出　版　人：刘东杰
出版发行：山东教育出版社
地　　址：济南市纬一路321号　邮编：250001
电　　话：（0531）82092660
网　　址：www.sjs.com.cn
印　　刷：青岛新华印刷有限公司
版　　次：2016年7月第1版
印　　次：2020年3月第4次印刷
开　　本：710mm×1000mm　1/16
印　　张：8
印　　数：45001—50000
字　　数：68千字
定　　价：20.00元

（如印装质量有问题，请与印刷厂联系调换）
电话：4008053267

数学好玩。

——陈省身

人物介绍

怪怪老师

性格： 自称来自外太空最聪明最帅的一个种族（不过没人相信）。拥有神奇的能力，比如时空转移、与动物沟通、隐身等。他带领同学们告别枯燥的教室，在数学世界里展开一段又一段奇妙的魔幻探险。

星座： 文武双全的双子座

爱好： 星期三的午后，喝一杯自制的"星期三么么茶"。

皮豆

性格： 鬼马小精灵，班里的淘气包。除了学习不好，其余样样行。喜欢恶作剧，没一刻能安静下来，总是状况百出。不过，也正是因为有了他这样的开心果，大家才能欢笑不断。

星座： 调皮好动的射手座

爱好： 上课的时候插嘴；当怪怪老师的跟屁虫。

蜜蜜

性格： 乖巧漂亮的甜美女生，脾气温柔，讲话细声细气。爱心大爆棚，喜欢小动物，酷爱吃零食。男生们总是抢着帮她拎东西、买零食，是班里的小女神。

星座： 喜欢臭美的天秤座

爱好： 一切粉红色的东西，平时穿的衣服、背的书包、用的文具……所有的一切都是粉色的。

女王

性格： 霸气外露的班长，捣蛋男生的天敌。女王急性子，遇到问题一定要立刻解决，所有拖拖拉拉、不按时完成作业、惹了麻烦的人都要绕着她走，不然肯定会被狠狠教训。班上的大事小事都在她的管辖范围之内。

星座： 霸气十足的狮子座

爱好： 为班里的同学主持公道，伸张正义。

十一

性格： 明星一样的体育健将。长相俊朗帅气，又特别擅长体育，跑步快得像飞。平时虽然我行我素，不喜欢和任何同学交往过密，却拥有众多女生粉丝，就连"女汉子"女王跟他说话时都会脸红。

星座： 外冷内热的天蝎座

爱好： 炫耀自己的大长腿。

博多

性格： 天才儿童，永远的第一名。博学多才，上知天文下晓地理，有时候怪怪老师都要向他请教问题。只是有点天然呆，常常在最基本的常识性问题上出错。

星座： 脚踏实地的金牛座

爱好： 看科普杂志。

乌鲁鲁

怪怪老师带来的一只外星流浪狗，是大家最最忠实可靠的朋友。

目录

第一章

走进图画世界

怪怪老师回阿瓦星球充电去了，这是放暑假之前的最后一节课上，怪怪老师自己说的。尽管一个暑假都看不见怪怪老师是个坏消息，但是对皮豆来说，还有一个天大的好消息，那就是怪怪老师把乌鲁鲁托付给皮豆、博多、女王和蜜蜜他们四个人共同照顾。

怪怪老师说他们可以轮流照顾，也可以共同照顾。本来，皮豆说："我自己照顾就行了。"但是话一出口，女王他们就凶狠地瞪着他，像要吃了他一样。然后当怪怪老师问："真的可以你自己一个人吗？"皮豆只好小声说："还是大家一起照看吧。"女王一把接过乌鲁鲁，说："我先来，我们家有的是地方。"

于是这个暑假里，只要乌鲁鲁在谁家，其他的人就会想尽办法去他家玩。反正理由有的是，不是请教问题啦，就是有本书要借啦，再不就是上次做作业把橡皮落在他家啦。

比如现在吧，轮到皮豆照看乌鲁鲁了，几个小伙伴就商量着去他家写作业。但是刚待了一会儿，大家就热得受不了了。

博多埋怨说："皮豆，你家的空调坏了吧？怎么一点儿都不凉快？"

女王说："学习嘛，必须要有好的环境才行啊！"

蜜蜜说："要不还是去我家吧，我家的空调是中央空调，家里地方又大，冰箱里还有很多冰激凌。"

皮豆难为情地看看乌鲁鲁，只见他也热得伸长了舌头。但是乌鲁鲁好像体会到皮豆的难堪，过来蹭了蹭他的腿，说："别担心，我有办法。"

"你们把眼睛都闭上，别停，一直往前走。"乌鲁鲁说。

"但是，前面是墙啊！"女王嘀咕道。

"相信鸟鲁鲁吧，低着头，别撞到脑门。"皮豆说。

于是他们四个都闭着眼睛，往前走。

"好了，把眼睛睁开吧。"

"哇，好大的院子，院子里还种着那么多树呢！"皮豆喊道。

原来他们进入了皮豆家墙上挂着的那幅画里。面前是一栋有着大院子、游泳池的别墅，院子里还种着很多高大的树，树荫下有一个小凉亭，微风拂面，坐在那里真是非常惬意。

皮豆跑到房子里面，对大家喊："这里有十几个房间，还有装满冰激凌的冰箱哪。"博多和蜜蜜则不知什么时候，换了游泳衣在游泳池里游泳。女王和鸟鲁鲁坐在客厅的沙发上，边吃零食，边看电视。

他们吃完零食，把各种游戏玩了个够，然后坐在凉亭里写作业。

这时，天空传来了"嗡嗡"的声音，好像战斗机就在他们头顶上一样，紧接着一个庞大的黑影从上空飞过。

他们赶紧躲到凉亭里的石桌子底下。但是那个大怪物刚好停在了凉亭的上方，巨大的肚子黑压压地压下来。接着一个黑色的"炮弹"从大怪物身上落了下来，刚好落在他们旁边，一股恶臭扑面而来。

皮豆他们捂着鼻子，大气都不敢出。好在那怪物只停了一小会儿，就飞走了。趁大怪物飞走的工夫，皮豆他们弓着腰，飞快地跑回屋里，然后锁上门。蜜蜜和女王不放心，又关上窗户，拉上窗帘。鸟鲁鲁本来就在客厅看电

视，看见他们慌张的样子，从沙发上抬起头看了看，然后又懒洋洋地趴下了。

"乌鲁鲁! 外面有个怪物!" 他们齐声喊。

"呜呜——" 乌鲁鲁连头也没抬，只是敷衍了一声。

皮豆他们看乌鲁鲁不慌不忙的样子，也假装镇定地开始看电视。但是蜜蜜每隔两秒就会看一下窗外，偶尔还会趴到窗台上，从窗帘缝隙里往外看。

"啊，又来了!" 蜜蜜尖叫道，"长得很像一只苍蝇!"

"是不是我家进了一只苍蝇，刚好落在画上?" 皮豆问乌鲁鲁。

乌鲁鲁表示同意般又 "呜呜" 了一声，眼皮都快抬不起来了，每到中午他都困得睁不开眼。

"刚才那个黑色的 '炮弹' 是苍蝇屎吧?" 皮豆又说。

"噫，恶心死了。" 女王一脸的恶心状。

知道是苍蝇，他们就没有那么害怕了，但是还是不敢出去，一个个横七竖八地躺在沙发上。皮豆去厨房里转了一圈，希望能有新的发现，比如零食什么的。

课间休息时，皮豆过来找博多，博多正在做题。

皮豆把头伸过去问："什么难题？"。

"世界级难题！"博多连头都没有抬起来。

"我看看。"皮豆跃跃欲试。

博多把题给皮豆看：

将1~6这6个数字填入图中的圆圈里，使每条线上的三个数之和相等。你能写出几个答案？

博多一本书都看完了，皮豆也没做出来，聪明的你能做出来吗？

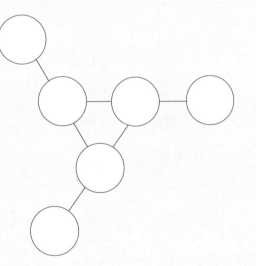

第二章

去阿瓦星球的希望

在厨房的冰箱里，皮豆发现了一包薯片。他高兴地打开包装袋，从里面拿出一个鱼形状的薯片放进嘴里。再次伸手去拿的时候，他从里面抽出了一张卡片，刚想扔掉，忽然被上面的一行字吸引住了。他仔细地看了看，兴奋地跑到客厅，边跑边喊："快看，我们有机会去阿瓦星球了！"

朋友们围过来看他手里的卡片，乌鲁鲁也睁开眼睛抬起头看了一眼。不过看到皮豆手里的卡片，乌鲁鲁又趴下，闭上眼睛接着睡了。

女王一把夺过卡片，念道："只要集齐10000张卡片就能获得一张宇宙飞船的船票。"

"嗨！我还以为是什么呢，告诉你，集齐10000张是不可能的。这是奸商故意设的圈套，骗小孩的嘛！"女王念完后，把卡片向空中一扬。

卡片就在空中飞了一圈，然后落在地上。皮豆赶忙跑过去捡起了卡片，

吹了吹灰,放到口袋里说:"有希望总比没有强。"

蜜蜜耸耸肩,看了看博多。博多伸了下舌头又坐回沙发上。

皮豆坐到乌鲁鲁旁边,一边轻轻地给他梳理毛,一边说:"我的好乌鲁鲁,我的超级无敌乌鲁鲁,你想想办法嘛,集齐10000张卡片对你来说不难呀。"乌鲁鲁抖了抖身上的毛,换个姿势趴下,又睡过去了。

皮豆深吸一口气,接着说:"帮帮忙嘛。"说着说着,手上抚摸乌鲁鲁的力度不觉得增大了很多。乌鲁鲁被皮豆折腾得睡不成,就换了个地方,趴在了蜜蜜和博多中间,又闭上了眼睛。

皮豆还不死心,干脆坐在地上,面对着乌鲁鲁又开始央求。就连蜜蜜也说:"要是真的有这种船票就好了。"乌鲁鲁耐不住他们的纠缠,冲旁边叫了两声,接着漫天飞舞的卡片像雪片一样飘下来。大家都兴奋地跳起来收集卡片,很快他们的卡片就多得数不过来了。

博多说:"我们去找一些曲别针,每收集到10张卡片就用曲别针别在一起。"这是个好主意,他们找来很多很多曲别针,把每10张卡片别在一起。

但是,很快一组10张的卡片他们也数不过来了。于是博多又说:"我们再把每10组卡片用绳子捆起来。这样每捆就是100张卡片了。"

不久以后,他们发现,一捆捆的卡片也堆成了山。于是他们就找来了购物袋,把每10捆卡片放到一个购物袋里。

皮豆数卡片数得手都麻了,眼看着地上的卡片越来越少,他就开始数他们到底已经有多少卡片了。现在一共是9个购物袋、9捆绳子捆好的、9摞曲别

针别好的和7张零散的卡片。

千位	百位	十位	个位
9	9	9	7

皮豆兴奋得合不拢嘴："我们还差3张卡片……"

再仔细找找，他们发现沙发底下有一张，电视后面有一张，还差最后一张！女王走近皮豆，笑眯眯地从他口袋里掏出了一张。

他们把这3张和零散的那7张合在了一起，刚好凑成一摞10张。现在他们就有10摞曲别针别好的卡片了。这10摞又用绳捆了起来，这样就有10捆卡片了。他们把这10捆卡片放在了一个购物袋里，现在就有10个购物袋的卡片了！

"我们集到10000张卡片啦！"大家高兴地跳起来。

"可是……"他们接着又意识到，这10000张卡片只能换一张船票。于是他们一起看向乌鲁鲁。

乌鲁鲁假装睡得很香，但是当他眯起一只眼睛偷看时，正好被女王看见，于是他们都笑眯眯地围了过来。

接下来的情景你们可以想象，皮豆他们是多么辛苦地数数、打捆、装袋。终于在天黑之前，他们集齐了40000张卡片，甚至连中午饭都没顾上吃。

现在主要的任务是把这些卡片安全完整地运出去。他们每个人只能手提两袋，乌鲁鲁可以帮忙驮两袋。但即使这样，还有很多购物袋没有办法运出去。

大家正在发愁，那只苍蝇又嗡嗡地飞过来了，翅膀差点儿打碎别墅窗户。这时候皮豆说："我有个办法。"

"什么办法? 快说。"女王说道。

"我们把这些袋子一个连一个地系好，然后用绳子套住苍蝇，这样苍蝇就可以帮我们把卡片带出去了。"皮豆说。

"好主意!"博多跟蜜蜜都说。只有女王撇撇嘴说:"我们能套住苍蝇吗?"这时候,乌鲁鲁偷偷睁开一只眼,瞄了一下皮豆,翻了个身又睡过去了。

他们找来绳子,把所有的购物袋都连在一起,然后又找了一根更长的绳子,绳子一头像套马索一样打了个环。他们趴在窗口,就等着苍蝇飞来了。

非常幸运,苍蝇没一会儿就飞回来了,而且在窗口外面的草坪上落了下来。这真是个好机会,皮豆把绳子甩出去,刚好套住了苍蝇的头。苍蝇吓了一跳,一下子飞了起来。然后,绳子拉着购物袋一个个从窗户里飞了出去。

当只剩下最后一个袋子的时候,乌鲁鲁忽然蹦起来咬住了最后的那截绳子。皮豆一看,一跃而起,抱住了乌鲁鲁的后腿。随后,女王抱住皮豆的腰,博多拉住女王的脚,蜜蜜又拉住博多的脚,接二连三地从窗户里飞了出去。飞出画面的瞬间他们都恢复了原来的大小。

他们一个个从画里飞出来,摔在了皮豆家的沙发上。这时刚好听到了"叮咚"的门铃声,估计是皮豆妈妈下班回来了。他们赶紧把那些购物袋藏在了沙发和床底下。

皮豆的妈妈回来了,小伙伴们都各自回家。皮豆妈妈说:"再来玩啊。"他们笑了笑,学着灰太狼大声说:"我们一定会回来的!"

脑力大冒险

皮豆最近一直在研究鸟，他希望有一只鸟能把他带到天空。一只鸟带不动，一群也行。

这天，他和博多来到鸟类森林公园。树上的鸟儿叽叽喳喳叫个不停。很快，皮豆就和博多看到了各种鸟，不过最多的就是麻雀和喜鹊了。

偶然间，他们看见地上有一个鸟窝，里面还有一只鸟蛋。

"肯定是昨天的风把鸟窝刮下来的！"皮豆说，"太好了，这只鸟蛋归我了！"

博多说："不对，是我先看见的，这是我的鸟蛋！"

他俩互不相让，争吵起来。

博多捡起一根树枝数了数："这样吧，这儿有21片树叶，我们俩轮流摘，每次摘一片或者两片，谁摘到最后一片谁就赢，鸟蛋就归谁。怎么样？"博多说。皮豆觉得还算公平，于是答应了他。

博多赢了。他爬上树，把鸟窝放到了树枝上。

皮豆说："我本来也是打算这么做的。"

他们俩哈哈笑起来，博多说："我教你怎么取胜吧！这里面可是有小窍门的！"

小朋友，你知道是什么窍门吗？

第三章

梦里登上宇宙飞船

晚上，皮豆早早爬上床，关了灯，看着窗外。满天的星星一闪一闪的，皮豆对趴在床头的乌鲁鲁说："我们数星星吧？"乌鲁鲁头也没抬，呜呜地说："要数星星你去数吧。我可没有这个兴致。"

"乌鲁鲁，你快看，今天有好多星星。"

"哪个才是阿瓦星系呢？"

"我们如果坐上宇宙飞船，什么时候才能飞回来呢？"

"要不要给爸爸妈妈说一声呢？"

"他们恐怕不会相信吧？"皮豆躺在被窝里，不停地问。可是乌鲁鲁没有回答，因为他已经睡着了。

皮豆翻来覆去睡不着，迷迷糊糊的，好像看见夜空中飞过一大群鸟。皮豆使劲推乌鲁鲁，兴奋地指给他看窗外，但是鸟儿们已经飞远啦。

皮豆觉得很无聊，开始数对面楼上的灯光。他数了数，一共有26个房间亮着灯，不过他刚数完，就看见有3个房间灯已经熄灭啦，26-3=23，这样就还有23个房间的灯亮着。接着又有4个房间的灯熄灭啦，就是23-4，哦，这个题……皮豆不太会，他想了个主意，假如刚才只有3个房间灭灯，那就是23-3啦，这个简单，就是还有20个房间亮灯。不对，刚才不是3个房间而是4个房间，这样再减去1，就是19啦。对，现在还有19个房间亮着灯。

紧接着，怪异的事情发生了，所有的灯几乎在同时都灭了。难道停电了吗？皮豆看见自家空调的开关灯还亮着，那就是没有停电喽。既然这样，那怎么会所有的灯都一起灭呢？难道大家约好了一起睡觉吗？

想到这里，皮豆不困了，干脆爬起来，趴到窗台上向外看。外面一点儿声音也没有，静谧得很。忽然，一个毛茸茸的东西贴到皮豆的脸边，吓得皮豆几乎喊起来，原来是乌鲁鲁也趴到了窗口往外看。

这时候，对面的楼道门忽然打开了，从里面走出一群人，都穿着黑色的衣服。人群里面有矮个子大叔，有瘦弱的长发女子，有时髦的夫人，有毛头小伙子，还有两个老婆婆。这些人都来到楼前的空地上，他们一会儿交头接耳，一会儿抬头看看天空，还有人冲着星星指指点点。皮豆悄悄数了数，一共是19个人。

过了大概5分钟，一个圆形的飞盘一样的东西从天上飞下来。飞盘四周是一群小鸟，跟着飞盘一起飞下来，正好落在那些人的旁边。那些人刚才还叽叽喳喳地聊天，现在突然都静下来，众人纷纷鞠着躬，让出一条路来。

难道这就是宇宙飞船或者UFO？皮豆心里嘀咕着，接着问乌鲁鲁："我们要坐的宇宙飞船也是这样子的吗？"乌鲁鲁没有出声，而是紧张地看着下面，尾巴不停地颤抖。皮豆还是第一次看见他那么紧张害怕呢。

飞船的门打开了，一截梯子从里面伸出来，一个长发老者走了出来。他身穿黑色长袍，拄着拐杖，胡子又白又长，肩上还停着一只鸟。他站在梯子上面环视了一下四周的人。

"怎么少了一个人？"这位老者说。

没有人回答他，但是很多人都朝皮豆家的窗户看了看。皮豆赶紧把头缩回来。

然后那位老者也抬头往皮豆的窗户看了看，说："先上来吧。"于是所有的人都登上了那艘宇宙飞船。

飞船没有一点儿声音地起飞了，等飞到皮豆家窗外的时候，它停在了半空中，一只小鸟飞过来，用嘴敲了敲窗户。皮豆已经吓得躲在被窝里，不停地抖动。过了一会儿，皮豆听不见声音，才探出头来。

皮豆看见那只鸟还在窗外，并且听到鸟开口说："胆子这么小，还想去阿瓦星球？"而这时的乌鲁鲁呢？他躲在了床底下。

这句话起了作用，这就叫激将法，皮豆最受不了的就是别人这么说自己啦。"去就去！"皮豆站起来从床底下拖出乌鲁鲁，抱着他，打开了窗户。

飞船里伸出一个梯子，皮豆抱着乌鲁鲁沿着梯子上了飞船。飞船立刻关上了门，瞬间消失在夜空中。

进入船舱，看见大家都舒服地坐在沙发上聊天，皮豆也放松了很多。他和乌鲁鲁找了一个靠窗户的地方，安心地坐下来。他刚坐下来，沙发前面就升起了一个小圆桌，一只机器手臂从沙发后面伸出来，给他倒了一杯果汁，并且端上一盘榴莲酥。

皮豆放心地大吃起来，而乌鲁鲁则趴在他脚下，抬着头警惕地四处张望。皮豆给了乌鲁鲁一块榴莲酥，说："别紧张，既来之则安之嘛。"乌鲁鲁一口接住榴莲酥，也大嚼起来。

脑力大冒险

怪怪老师带着全班同学去露营，但是到了晚上，博多、皮豆、十一、蜜蜜和女王他们偷偷溜出来，决定去黑夜探险。

夜色乌黑乌黑的！

女王用手电在前面照路。突然，蜜蜜抓住了她的胳膊："那儿有东西！"

"什么东西？蛤蟆聚会吗？"皮豆开玩笑说。

突然，灌木丛里传来一阵很大的响声，接着，月亮从云里探出头来，一大群水鸟从他们的头顶飞过。

一只蛤蟆说：

"一群水鸟排一排，从左往右数第4只是小灰，从右往左数第3只是小绿。小绿在小灰后第3只处。这群水鸟有几只？"

"说对了才能回到露营地！呱呱……"

蛤蟆说完就跳到了水里，皮豆发现他们已经迷路了。你知道答案吗？快来帮助他们吧！

第四章

飞船上的奇遇

　　皮豆吃饱喝足，问旁边的一位姐姐："请问我们这是要去哪里呀？"那个姐姐看了他一眼，似笑非笑地说："我们要去天庭啊，去见玉帝，要不就去月亮上见嫦娥姐姐哦。"皮豆听完耸耸肩，撇撇嘴，刚想说："真是的，把我当三岁小孩哄吗？"但是想了想，自己没有搞清楚状况，还是不要说话比较好，于是就闭了嘴四处张望。

　　旁边的姐姐似乎觉得还没说够，又指了指窗户旁边的望远镜，对皮豆说："你不信啊？那边有望远镜，你自己看看嘛。"

　　皮豆看了看，果然有一个很大的望远镜。他当然不相信什么玉帝，但还是很好奇地走到望远镜的前面。他刚要看，那个姐姐拉住他说："我们打个赌好不好？如果看见我刚才说的那些，你就答应我一件事，如果没有的话，我也答应你一件事，怎么样？"

这当然好，虽然自己没有什么事情让姐姐做，但是肯定不会输的。皮豆这么想着，就说："好，一言为定。"

　　于是他把头探到了望远镜跟前。这一看不要紧，皮豆惊得下巴差点儿掉下来。他看到了一个长胡子的大胖子正在云彩里睡觉，而他的旁边放着一只大鼓，像极了神话里的雷公。接着，他看见一个老婆婆拿着一面镜子一样的东西，这难道是传说中的闪电婆？

　　皮豆把头直起来，揉了揉眼睛，又往月亮上望去。他确信，月亮上只有坑坑洼洼，没有水，没有空气，所以不可能有生命。但是当他用望远镜看

时，简直要疯掉了，因为他看见了传说中美丽的月宫。月宫外面云雾缭绕，就跟《西游记》里演的一样。而且，他还看见嫦娥姐姐在里面载歌载舞。

疯了疯了，皮豆想，他使劲揉了揉眼睛，然后又看了看鸟鲁鲁。鸟鲁鲁依然警惕地看着四周，丝毫没有注意到皮豆，而刚才那位姐姐则诡异地看着皮豆笑。

皮豆不甘心地再次把头探到望远镜那儿，这次更加不可思议了。他看见了小时候的偶像：孙悟空！皮豆差点儿叫起来。孙大圣正乘着筋斗云，一手拿着金箍棒，一手放到头顶，四处张望……

皮豆已经没有刚才那样惊奇了，反倒是像看电视一样，津津有味地看起来。但是孙悟空总是那个动作，就好像在放重播一样。

皮豆总觉得不对劲，但是又说不出哪里不对劲。旁边的那个姐姐看着皮豆狐疑的样子，赶紧拉过他来说："怎么样？你服不服输？"

皮豆还是无法相信，他知道这其中肯定有什么问题。但到底是什么问题呢，他又说不出来，只好说："你让我帮你做什么事？"

那个姐姐神秘地掏出一个本子来，说："你帮我做作业，就行了。"皮豆简直不敢相信自己的耳朵，心想："这位姐姐至少也上高中了，她的作业，我怎么会做？"不过他低头看了看本子，本子上竟然赫然列着加减法题，而且都是两位数的加减法。

看到皮豆的困惑，那位姐姐说："这是我小时候的作业本。我来这里就是要体验小时候的梦想……"忽然那位姐姐捂住了嘴，好像怕自己说漏了什么似的。

皮豆只得接过作业开始做。

皮豆先后用了五种方法做减法，比如联想法：已经知道6+3=9，所以9-3=6，这样19-3=16。

再比如，5个5个地倒着数：25、20、15、10、5，所以25-5=20。

又比如，找规律的方法：只算0前面的，最后加上0就行了，所以40-10=30，50-20=30。

还有不用退位的两位数减法：先减个位，再减十位，所以，54-13=41。

最后，最麻烦的就是需要借位的两位数减法：先从十位借位，退位再做减法，所以，70-8=62。其实就是先做10-8=2，再做70-10=60，然后是60+2=62。

而加法，皮豆则是用交换法、增数法。比如，5+2=7，先算比5多1是6，比6多1是7。再比如，5+6=11，先算5+5=10，再多1就是11。

皮豆简直后悔死了，有种上了贼船的感觉，他不停地做这些题。他向乌鲁鲁求救，乌鲁鲁却视而不见，还好像在说："活该！"

皮豆抓耳挠腮，左扭右晃，身上像长了虱子一样，坐不住。

忽然，皮豆屁股上挨了一巴掌，他听见妈妈的声音："起床啦，都几点啦，太阳晒屁股啦！"

他努力睁开眼，呀，谢天谢地，刚才是个梦啊！

乌鲁鲁正摇着尾巴看着他。妈妈说："暑假作业赶紧做啊，今天我再给

你买点儿练习题。"

"不要哇——妈妈,我已经做了很多啦!"皮豆大喊。

"你什么时候做了?"妈妈说,"别想偷懒啊!"

"天哪,真是个噩梦啊!"皮豆痛苦地说。

脑力大冒险

博多搬新家了,他的新家里有一个阁楼。这让他很兴奋。但是,每天过了午夜十二点,阁楼上都会有响声。

"也许是小精灵正在上课。"博多想。

于是他想了一个办法,他在阁楼的桌子上摆放了一张纸,纸上是这样写的:

小精灵们:非常高兴你们能在我家上课。我这里有一道题,如果你们能做出来就可以继续在我家上课,如果不能,就请离开!否则你们就会在天亮的时候彻底消失。

请看题：

在空格中填入3、6、9、12、15，使每条线上三个数的和与正方形四个角上四个数的和相等。

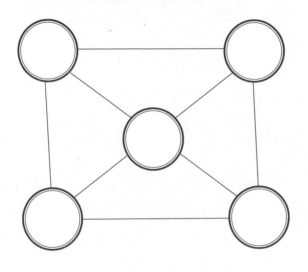

从此，博多家的阁楼上再也没有声响了。

第五章

去薯片工厂

对于皮豆他们来说，今天是非常重要的一天。早上阳光明媚，女王、蜜蜜、博多像约好了似的，几乎同时到了皮豆的家。而这时，皮豆的爸爸妈妈才刚刚出门去上班。

蜜蜜神秘而又有点儿炫耀地说："昨天我爸爸答应带我们去那个薯片生产工厂了。"

"哦耶！"皮豆欢呼起来。其他人则很淡定的样子，看来早就知道这个消息了。

趁蜜蜜爸爸的车还没来，皮豆给他们讲起了他昨天晚上做的梦，听得小伙伴们一头雾水。蜜蜜说："你是日有所思，夜有所梦，整天想着宇宙飞船，结果就梦见宇宙飞船啦。"

皮豆也觉得是这个道理，但是想起梦里看到的景象，又觉得不对劲，怎

么好像是在看电影呢？皮豆说："从望远镜里看出去，那景观就像电影里的一样。"

女王不屑地说："有一种3D电影是会让人觉得身临其境的。说不准，那只是你的幻觉，而且是梦里的幻觉。"

"皮豆，你怎么连做梦都被人家骗啊。"博多说。

他们正说着，听到敲门声，蜜蜜先去开门，果然是她爸爸的司机。于是他们一起搬了两趟，把所有装卡片的袋子装到了车上，然后大家一起坐车去了郊外的薯片工厂。

薯片工厂的大门紧闭着，皮豆他们刚到门口，就看见一个矮个子男人往里走。他们赶紧上前拦住他，问问应该怎么兑奖。那个矮个子男人奇怪地看了看他们，说："你们的卡片是哪儿来的？"

"当然是吃你们生产的薯片积累下来的，我们都很爱吃你们的薯片。"女王赶紧说。

"哦，那你们肯定吃了很多，因为我们的活动才刚刚开始。你们是我们的第一批小顾客，或者说是我们飞船的第一批乘客。"那个矮个子男人咧着嘴勉强笑了一下，然后又忽然用很夸张的语气说："来吧，欢迎我们的小乘客呀。哈哈哈！"

皮豆被他的声音激出了一身鸡皮疙瘩。他们很疑惑地跟着那个矮个子男人一起进了工厂。刚进去，身后的铁门就"咣当"一声关上了，外面的景象就完全看不见了。

他们紧紧跟随这个矮个子男人，来到了一条长长的走廊。走廊在他们面前延伸，看不到尽头。唯一让他们觉得轻松一点儿的就是，这里到处都飘荡着薯片的味道，烧烤味的，番茄味的，海鲜味的，好像世界上最好闻的味道都混合在他们周围的空气里了。连鸟鲁鲁都不停地深呼吸，不过他还是保持了一贯的警惕性，小脑袋不断地晃来晃去，仔细地观察着四周。

走了一会儿，他们听到了机器的轰鸣声，这声音很奇怪，好像来自于地下。那个矮个子男人快步沿着走廊向前走，皮豆他们也急急忙忙地跟在后面。皮豆走在最前面，接着是女王、蜜蜜，然后是博多，最后面的是鸟鲁鲁。

皮豆快跑了两步，追上那个矮个子，小心地说："我们不是来参观您的工厂的，我们不是获得了宇宙飞船的票吗？您可别说，您的工厂里也有宇宙飞

船。"

"小朋友你真聪明。是的,我们工厂不仅生产薯片,还正在开发游乐场项目,宇宙飞船就是其中的一项。"

"我不是小朋友啦,我就要上二年级啦!"皮豆强调说,"我们来可不是为了坐游乐场的飞船,你们的活动说明上画的可是真正的宇宙飞船。"

那个矮个子男人突然停下了脚步,皮豆他们由于跟得太紧,来不及刹住脚步,一个接一个地跟前面的人"追尾"了。大家刚站稳,那个矮个子男人想了一下,说:"你们要坐真的宇宙飞船就跟我来吧。"然后他向右拐进了一个稍窄的通道,走了一会儿,又向左转,再向左转,接着还向左转,然后又向右转。

这里就像一个鼹鼠挖的迷宫。因为所有的走廊都向下倾斜,皮豆想,他们肯定已经来到了地下啦。那个矮个子男人说:"现在地面上的空间根本不够用,我的工厂都得建在地下。"

"可是,可是我们不是去参观你的工厂,我们要乘宇宙飞船去太空。"皮豆再一次强调。

"知道了,知道了。"矮个子男人露出一副不耐烦的样子,接着又诡异地笑了笑。女王和蜜蜜手拉着手,女王说:"拉紧我的手,这里可不能迷路。"蜜蜜回头看了看博多,博多冲她点点头。她又看了看乌鲁鲁,心想:"如果没有乌鲁鲁在身边,我肯定不会来这么奇怪的地方。好在有危险的时候,乌鲁鲁可以救我们。"

那个矮个子男人向右转，接着又向左转。走廊越来越窄，越来越陡，一直向下倾斜下去。忽然所有的人都停了下来。在他们面前的，是一扇闪闪发亮的银灰色金属大门。大门上没有任何标志，有点儿像皮豆梦里的那艘宇宙飞船的门。

那个矮个子男人拍了拍手，前面这扇大门就无声无息地打开了。皮豆惊奇地张大嘴，下巴都要掉下来了。因为这里面的一切都跟他梦里的一模一样，除了没有那些奇怪的乘客，只有他们几个小伙伴。

这是一艘宇宙飞船的内部操控室，每个座位都面朝窗外，座位前面有很多按钮。

"好了，好了，我的小乘客们，你们是第一批小乘客，抓紧时间坐好吧。"那个矮个子男人说，"别忘了系好安全带，还有千万别忘记带上座位前面的眼镜。否则宇宙辐射会伤害你的眼睛。"他按下一个红色按钮，飞船开始轰鸣。在飞船的门快关上的时候，他说："我可没有时间去太空，祝你们旅途愉快！"说着他就闪出了门，所以最后一句话是在门关上以后从门外传进来的。

脑力大冒险

今天早上，皮豆迟到了10分钟。怪怪老师让他给全班同学讲一讲，他早上起床后都干什么了。

皮豆回忆了一下，说："我早上起床，叠被用5分钟，刷牙洗脸用5分钟，烧开水用10分钟，吃早饭用了15分钟，洗碗筷10分钟。整理书包用了5分钟，冲牛奶用了5分钟。另外，我走着来上学用了20分钟。所以我……我迟到了！"

怪怪老师说："你一共花了多少时间做这些事情？"

"75分钟。"皮豆掰着手指算了算。

"谁来给他安排一下，看看能节约几分钟？"

"我来！"女王举起手，她最讨厌别人做事情拖拖拉拉的啦！

你知道她能给皮豆节约几分钟吗？这样安排的话，皮豆还会迟到吗？

第六章

揭穿飞船大骗局

现在，轰鸣的飞船里只剩下四个小学生和一只狗。大家总觉得哪里不对劲，但是又说不出来，只好找个地方坐下来。他们刚坐下，就觉得窗外有刺眼的白光，他们赶紧戴上座位前面的墨镜。一戴上墨镜，皮豆就觉得光没那么刺眼了，可以舒舒服服地向外看了。

他低头看了看面前操控台上的按钮，上面写着各种星球的名字，竟然还有阿瓦星球。于是皮豆按了下去。

"我们要去阿瓦星球了，坐好了啊！"皮豆喊道，其他人都坐好了，戴好了眼镜，盯着自己面前的窗外。

飞船先是剧烈地颤抖，接着，"嗖"——飞船像火箭似的直向上冲。飞船从这个薯片工厂里迅速地飞出去，厂房越来越小，城市也越来越小。不到两分钟的时间，他们穿出了大气层，离地球越来越远，四周开始黑下来。

正如电影里的太空景象一样，繁星点点，小行星从身边飞过，四周一片寂静。皮豆激动地喊道："我们真的飞到了太空!""我觉得很奇怪。"博多说。乌鲁鲁满意地"呜呜"叫了两声，好像很欣赏博多的发现。

"有什么奇怪?"女王问道。

"如果我们真的飞到太空，就应该有失重的感觉，可是你们有吗?"博多说。

经他这么一说，大家觉得是有点儿不太对劲。他们的身体感觉不到什么变化，只是眼前的景色在不断地变化，就好像……好像坐在电影院里面一样。

"对啊，是不是那种3D电影的感觉。"皮豆忽然明白了什么，"这跟我做的梦一样，是个骗局。"想到这里，皮豆摘下眼镜，解开安全带，离开了座位。果然，没有失重，也没有飞行的感觉。

女王、蜜蜜还有博多都陆续站起来，为了更加肯定他们的想法，他们仔细观察了一下自己面前的按钮，竟然还有一个按钮上面写着"动物世界"。于是他们按了一下这个按钮，看看会发生什么事。

刚按下这个按钮，窗外的景象就像电视换台那样，一下子切换到了森林里的场景。动物们正在开运动会，现在进行的是跳远比赛。喜鹊站在树枝上公布比赛规则：每一位参赛选手都要连跳，第一下跳几米远就要连跳几下，谁跳得最远谁就赢了。

先是袋鼠跳远，它连跳了9次，每次都跳9米远：

0-9-18-27-36-45-54-63-72-81，一共跳了81米。

接下来是羚羊，它连跳了8次，每次都是8米：

0-8-16-24-32-40-48-56-64，一共跳了64米。

再然后是兔子，它连跳了7次，每次都跳了7米：

0-7-14-21-28-35-42-49，一共跳了49米。

接着是狐狸、小狗、火箭蛙、癞蛤蟆、跳蛛、跳蚤，它们都分别进行了比

赛。比赛结束后,它们的跳远成绩就组成了一张不完整的九九乘法表:

0-6-12-18-24-30-36

0-5-10-15-20-25

0-4-8-12-16

0-3-6-9

0-2-4

0-1

"这个骗子!"皮豆气得咬牙切齿,费了那么大劲,竟然被骗来看一场3D电影,"不行,我得去找他们!"

"别急,我们是第一批乘客,如果这样大声说出他们的秘密,会不会有危险?"女王担心地说。

乌鲁鲁好像早就知道这一切似的,并没有表示惊奇或者愤怒。不过在女王提出担心的时候,他却"呜呜"地表示赞同。

"那怎么办?难道就这么算了?"皮豆可不甘心被人这么耍。

"我们先想办法回去。"博多说。

好吧,他们按了一下返回地球的按钮,所有的景象又都倒放回来。一会儿工夫,他们就听见"咣当"一声,好像什么东西着陆的声音。飞船的门打开了。

那个矮个子男人觉得很惊奇,说:"怎么这么快就回来了?这是多么难得的一次机会啊!"

"我们想家了!"女王抢先说道,因为她看见皮豆攥着拳头,害怕他不小心说漏嘴。

"哎呀，就是小孩子气，多难得的机会啊。如果下次还想去太空，就赶紧去吃更多的薯片吧。"那个矮个子男人笑着说，满脸的肉堆在一起真难看。

"我们会的! 我们最爱吃你们家的薯片了。"女王他们说。

在那个矮个子男人的带领下，他们七拐八拐地来到了外面。刚一出工厂门，他们就撒开腿跑了老远，好像骗人的是他们，而不是生产薯片的人。

回到家后，他们给报社打了电话，告诉他们薯片厂骗人的把戏，又给消费者协会打了电话，说明了受骗情况。第二天，薯片厂的"事迹"就上了新闻头版。为了挽回名誉，薯片厂又重新制定了活动规则：每收集5张同样口味的卡片就可以换一包薯片。非常幸运的是，皮豆他们竟然在床底下发现了一袋子被遗忘的卡片。

他们先是将卡片分类，将烧烤味、番茄味等依类分开，然后每5张同样口味的卡片放一堆，番茄味的一共是6堆，$5 \times 6 = 30$，也就是一共有30张番茄味的卡片，可以换6包薯片。再来看看烧烤味的，一共是分成了7堆，$5 \times 7 = 35$，35张烧烤味的卡片，可以换7包薯片。这些都是博多算出来的，他几乎什么都知道。不过，他说这个乘法是在宇宙飞船上学会的。虽然被骗了，但还是学到了一些东西嘛!

还记得博多家的阁楼吗？是的，博多出了一道特别难的题，小精灵再也没有出现。或许根本就没有小精灵，谁知道呢？

这天家里只剩下博多一个人的时候，他来到阁楼。门咯吱一声开了。他悄悄地走了进去。

这个阁楼上有许多许多东西，也有许多许多灰尘！

他看见一个小箱子，一张泛黄的纸露出来一角。

"藏宝地图吗？"博多把纸抽出来。

上面写了一些字，博多走到靠近窗户的地方，仔细辨认，上面写的是：

"我们家的台历一天撕一页。我不小心撕了好几页，这几页上的日期加起来恰好是60。我撕了几页？上面的日期各是多少？

如果你算出来，就能找到我藏的宝藏，祝你愉快！"

博多翻来覆去看了好几遍，谁写的呢？真的有宝藏吗？

你猜博多能找到宝藏吗？你能算出来吗？

第七章

苹果变蟑螂

这个暑假里，因为和乌鲁鲁、女王、蜜蜜，还有博多他们几个整天在一起玩，皮豆觉得过得很快乐。但是离开学的日子越近，他就越迫不及待地想去学校了。

在暑假里，总有人问他现在上几年级了。如果没有别人在他旁边，他就会稍微有点儿心虚地说："二年级。"但是当他和妈妈在一起时，妈妈总是说："一年级。"皮豆就马上纠正道："开学就上二年级啦。"真是的，虽然他还没有开始念二年级，但是他已经结束了一年级的学习了呀，大人们从来都没有想过暑假是不能分年级的呀！

让皮豆想去学校的一个最重要的原因，当然是可以见到怪怪老师啦！不知道怪怪老师在新学期会带给他们什么样的惊喜。皮豆可是特别期待的。另外托乌鲁鲁的福，他的零花钱比以前要多了很多，所以他和乌鲁鲁在假期里都长胖了。

终于盼到开学啦！皮豆在学校门口遇见女王，他指着校门口一棵大树的树梢说："快看！"

放假之前这颗树上还没有鸟窝，现在却有一个很大的鸟窝。女王看见后大声地叫道："我看见了，看见了！"这时候胖大力从树后面提着裤子跑出来说："看见就看见了吧，嚷嚷什么！我是憋急了实在忍不住才在树后面撒尿的。"皮豆和女王对视了一眼，哈哈大笑着跑进了教室。

来到教室，女王还不依不饶地对胖大力说："你在学校门口，那个，那个，污染环境！我要报告老师！"

胖大力噘起嘴，他的脸经过一个暑假的滋养，变得更大更……黑了。他说："谁说我污染环境了，我那是给大树施肥呢！"

"你……你还敢狡辩！"女王说着就要去揪他的耳朵。胖大力往后一闪，躲过了女王的"魔爪"，但是却撞在了后面的书桌上。书桌里是空的，很轻，胖大力又比较有力气，这一撞，桌子稀里哗啦地倒了，胖大力也倒了。女王被闪了一下，也跟着倒下去了。

所有的同学都围过来，看见女王摔在胖大力身上，胖大力疼得直咧嘴，后面的桌子还倒在地上。有的同学幸灾乐祸地偷偷笑；有的同学就不忍心看了，比如蜜蜜，她赶紧上前去拉女王。结果蜜蜜又不小心踩到了胖大力的脚，胖大力感到疼，本能地把脚往后一抽，蜜蜜没站稳，也倒下去，正好砸在女王身上。女王这时候刚想站起来，又被蜜蜜推了下去。教室里就听着

"啊……啊……啊!"的叫声一片。

皮豆一边看着,一边指着他们哈哈大笑。他的嘴张得正大呢,怪怪老师进来了,他只好把嘴巴很不好意思地合上了。同学们"呼啦"一下都回到了自己的座位上,地上的三个人也赶紧爬起来。

怪怪老师用教鞭碰了碰胖大力的腰,笑着说:"我走错教室了吗?这是二年级三班吗?"胖大力疼得还没缓过劲来,根本没听清老师说了什么,他

慌张地说:"不是,不是,这是排骨。"同学们都哄堂大笑起来。

于是美好的数学课就在笑声中开始啦!

二年级的课程比以前难了一些,但是对于怪怪老师的学生们来说,那都是小菜一碟。这不,今天的数学课讲的是除法。

怪怪老师大手一挥,同学们分成三个人一组,每个小组面前都有一大盘子苹果,老师的要求是平均分配。

皮豆、女王和胖大力分到了一组。皮豆刚要伸手拿苹果,女王就拿手一挡,喊道:"别动,我来分!"于是你一个,我一个,他一个,当每个人面前都有10个苹果的时候,盘子里还剩下2个,女王说3×10+2=32,一共有32个苹果。

老师说:"现在大家都知道自己小组有几个苹果,下一次分苹果就要看哪个小组分得快了,分得慢的小组的苹果会变成蟑螂。"说着,怪怪老师就来了个大挪移,现在是每组都有四个人,皮豆他们这组多了个博多。

老师刚说了"开始",博多就说:"一人拿8个,快!"果然,他们每人拿了8个苹果后,盘子里就空了。

胖大力惊讶不已,说:"神了,你怎么知道一个人能平均分8个?"皮豆撇撇嘴:"一共32个苹果,你忘记了四八三十二的乘法口诀了吗?"

博多神秘地笑了笑说:"这是今天要学的除法,32÷4=8,你们刚才三个人就是32÷3=10余2。我已经预习过了。"

女王立即举手示意老师他们组已经分完了,她可不想香香的苹果变成蟑螂。而旁边的那组,正在你一个、我一个、他一个地分呢。动作慢了的那

组，果然有一个苹果变成了蟑螂，"哧溜"一下爬走了。

怪怪老师又挥了挥手，他们立刻变成了5个人一组。皮豆说："32÷5=6余2，快每人拿6个。"果然每个人拿了6个苹果后，盘子里还剩下2个。胖大力歪着头问："你也预习了吗？"皮豆说："我觉得乘法和除法是相互的，所以我首先想到了乘法口诀五六三十。"

怪怪老师扭头看了一眼皮豆，皮豆觉得那眼神似乎在说："不错哟。"这种感觉让皮豆觉得自己晕乎乎的，想飘起来。

购物中心开业周年庆，举办了一场活动——第100位进入商场的顾客将得到一份大礼。

最关键的是，商场聘请皮豆、十一、蜜蜜和女王来数人数！他们分别站在东、西、南、北四个门口。每个人手里都有一个对讲机，好实时报告他们数的人数。

"我这里是21个。"皮豆说。

"北门已经有38个顾客了！"蜜蜜说。

"我这里有19个。"女王说。

"南门有21个啦！我感觉已经接近100啦！"十一喊道。"快来算一算！"

21+38+19+21 =

博多这时候走进来说："我有简单方法。"

小朋友你们有没有简单方法？第100个顾客也许是你认识的人，会是谁呢？

第八章

成了屎壳郎国王

飘着飘着,皮豆好像飘到了森林里。"咣当"一声,他坐到了森林里的草地上。皮豆总觉得怪怪的,好像有一百只眼睛像刺一样盯着他。他眼前的地上有一堆牛粪,围着牛粪有一千只,不,应该说有一万只屎壳郎,黑压压的看得皮豆起了一身鸡皮疙瘩。

"救命啊,怪怪老师,这一次为什么只有我在这儿?"

皮豆想跑,但是他的脚好像被定住了一样,不听使唤。

这时候一只屎壳郎敲敲皮豆的脚,好像有什么话要说,或者已经说了什么,只是皮豆听不见。

那只屎壳郎干脆爬到皮豆的脚上,顺着他的裤腿往上爬,爬到他的胸口,又爬到他的肩膀。皮豆歪着脑袋,大喊:"乌鲁鲁,救命啊!"

这一喊,乌鲁鲁立马出现了。他一个冲刺扑过来,把皮豆扑倒在地上。

幸好乌鲁鲁是从前面扑过来的，要是从后面扑过来，皮豆前面可是一堆牛粪啊，后果简直无法想象。

乌鲁鲁这么一扑，皮豆这么一摔，那只好不容易爬到皮豆肩膀上的屎壳郎被甩出去老远。皮豆看见了救星，问道："为什么就我自己来这里？"

"为什么会有这么多屎壳郎？"

"为什么那个屎壳郎要爬到我肩膀上？"

"为什么……"

乌鲁鲁打断了皮豆的话，说："你是十万个为什么呀！据说有一只蚂蚁爬呀爬呀，看见了一堆热乎乎的，上面还冒着热气的牛粪。这只蚂蚁抬头看了看这巍峨的云雾缭绕的高山，然后说：'哎呀，这就是高原吧。'"

皮豆笑喷了，但是他说："别瞎扯，快回答我的问题。"

"我没有瞎扯，话说屎壳郎国王听到了这个消息，就派兵去侦察，果然发现了这堆牛粪。它就召集全国的屎壳郎来这里分粮食。"乌鲁鲁继续说。

"刚才那只爬到我肩膀上的是国王吗？"皮豆问。

"不是。"乌鲁鲁说。

"那国王呢？"皮豆问，他弄不清这跟他有什么关系。

"国王被你刚来到这里的时候坐屁股底下压死了，现在没有屎壳郎国王主持分配了。"乌鲁鲁说。

"刚才那只爬到我肩膀上的屎壳郎说什么了吗？"皮豆接着问。

"是的，它说，如果你不能平均分配这些牛粪，你就会被屎壳郎大军消灭。"

"这……这也太不靠谱了吧。我为什么要给它们分配啊？"皮豆的声音越来越小，因为他看见，一大群屎壳郎正在朝他爬过来。空气里除了牛屎味，还有愤怒的味道。

"好的，我来分，我最会平均分配啦。"皮豆马上改口。

可是面对一堆热乎乎、软塌塌、恶心巴拉的牛粪和成千上万只屎壳郎，怎么分啊？

乌鲁鲁说:"你可以让你的臣民们把大粪先滚成大小一样的球。"

"我不是屎壳郎,它们不是我的臣民!"皮豆生气地说。但是他又回过头来对着屎壳郎们说:"你们这些臣民去把大粪搓成小球,要大小一样。"就像一个屎壳郎国王那样。

"屎壳郎国王"一下令,所有的屎壳郎都冲向牛粪。瞬间,这个大牛粪堆就变成了一堆小粪球啦。

"这些屎壳郎一共有多少只啊?粪球有多少个啊?"

"不知道。"乌鲁鲁说。

皮豆觉得乌鲁鲁今天是来看他笑话的。

旁边那只被甩出去的屎壳郎这会儿又想往皮豆身上爬,皮豆浑身一激灵,往后跳了半步。

乌鲁鲁说:"它说,它们国家原来有10000只屎壳郎。不算刚才含冤而死的国王,现在还有9999只屎壳郎。它还问你,你要不要也分得一份粮食?"

"不用,不用。"皮豆连连摆手。

"那怎么知道有多少个粪球呢?"皮豆问,"刚才每只屎壳郎搓了几个球?乌鲁鲁你帮我问问。"

"有一只屎壳郎搓了5个,其他的都搓了4个。"乌鲁鲁说。

这样一算,每只屎壳郎可以分到4个小粪球,还有一个多余的,给谁呢?皮豆正在琢磨。

这时候乌鲁鲁说:"大家说给你。"

皮豆一阵恶心，忽然发现自己已经回到了教室。女王忽然吸了吸鼻子说："什么味啊？"皮豆说："哪有什么味，是不是你饿了，闻到饭香味啦？"

"不对，一股臭味。"

"瞎说。"皮豆心虚地说，低头一看——自己手里正拿着一粒粪球呢。

他以最快的速度跑到厕所，把粪球扔到厕所里，然后洗手，洗了大概有100遍。

脑力大冒险

十一约几个好朋友到操场上踢足球。真是太不幸了，刚过了几分钟，皮豆这一队已经输了两个球！

忽然对方趔趄了一下差点儿摔倒，皮豆抢过球来，用最大的力气射向球门。球正好从对方守门员的头顶上飞过去。

进了！皮豆得分了！

比赛时间就要到了。博多问蜜蜜："刚才时钟3点钟敲了3下，每敲一下间隔4秒，共8秒敲完；现在4点钟了，钟刚刚敲了第一下，敲完足球比赛就结束了，你算算还有几秒就结束了？"

　　蜜蜜正一头雾水，不知道博多说什么，哨声响了，比赛结束了！你能算出博多的题吗？

第九章

鸟宝宝遇险

　　湛蓝湛蓝的天空，温暖的阳光使劲挤进教室，微风时不时地撩起窗帘，偷偷跑进来，抚摸皮豆的脸庞。而操场边花圃里盛开的鲜花，就如天使的眼睛，又如精灵的笑脸，都在冲皮豆招手。怪怪老师在黑板上认真地写着算式，而皮豆却在认真地看着窗外。

　　突然，皮豆感觉脖子里"嗖"的一下钻进来个毛绒绒、凉冰冰的东西。他一个激灵站起来，原来是胖大力把杨树上结的像毛毛虫一样的种子放进了他的脖子里。

　　胖大力肯定没想到皮豆会反应那么激烈，所以赶紧装做没事似的认真听课。可事实上，课听不了啦，因为皮豆这么一站起来，老师也不写算式啦，同学们也不看黑板了，大家都转过身来看着皮豆，就好像他是个毛毛虫。

　　"老师，有人把毛毛虫放到我脖子里！"

怪怪老师皱着眉头，轻轻挥了挥手，同学们马上出现在了一片鸟的森林里。为什么叫鸟的森林呢？你看看吧，这片森林里的大树都又粗又壮，弯弯曲曲，树枝也很多、很壮，非常适合小鸟做窝。

无数的小鸟都集中到这儿啦，它们叽叽喳喳，喳喳叽叽。数量最多的是黄雀、燕雀、麻雀和喜鹊，还有很多见也没见过的小鸟。

甚至地上的草丛里还有小野鸭。只见一只刚出生不久的小野鸭，摇摇晃晃地走到小河边，"扑通"一声跳进水里。它一下子潜进水里，过了一会儿才露出头来。它一会儿伸懒腰，一会儿扑腾扑腾翅膀，和它的妈妈大野鸭一个模样。

"真是鸟的天堂啊！"蜜蜜抬头看着被密密匝匝的枝叶遮挡住的天空。太阳从缝隙里射进来，斑斑点点。

现在他们的任务是各自找一个鸟窝，数一数鸟妈妈和鸟爸爸每天飞进飞出几次，也就是说，看看它们每天送几次饭给鸟宝宝们。怪怪老师分派好任务后，就找了个舒服的大树根，躺在了上面，鸟鲁鲁也懒洋洋地趴在他脚边。

皮豆找了一个低一点儿的树杈上的鸟窝，住着他也叫不上名字的小鸟。这个窝里一共有6只光秃秃的小鸟，其中的5只彼此长得比较相像也比较小，剩下的那只比较大也比较丑——长着一个大脑袋，一双凸眼睛，眼皮耷拉着。

鸟妈妈和鸟爸爸都不在，鸟宝宝们都蜷缩在窝里。不一会儿，鸟妈妈，

也可能是鸟爸爸飞回来了，那些小鸟们都张开嘴，叽叽地叫着，好像都在说："喂喂我吧！"

皮豆默数了一下，然后看见大鸟飞走了，他就躺下来，等着大鸟再次飞来。"这真是一件无聊透顶的工作啊。"皮豆念叨了一句。

他刚念叨完，忽然一只光秃秃、粉红色的小鸟从巢里掉了下来。"啊！"皮豆想起来接住它，但是已经来不及了。说时迟，那时快，只见一个黑影像箭一样，"嗖"的一下蹿出来，在小鸟落地之前接住了它。原来是乌鲁鲁救了它。

皮豆悄悄爬上树，伸着脖子往鸟窝里看。只见那只最大的鸟宝宝，正把它的屁股使劲塞在另一只鸟宝宝身下，又把光秃秃的翅膀往后甩。它的翅膀像钳子一样钳住了那只小鸟。它就这样背着那只小鸟一个劲地往后退，往后退，一直到鸟窝的边缘。

　　皮豆惊奇得不得了，哪有这样残害自己兄弟姐妹的鸟类呢？"乌鲁鲁，快来，又有一只小鸟要掉下去啦！"

　　皮豆话音刚落，那只大鸟宝宝就挺直了身子，猛地往后一甩，那只可怜的小鸟宝宝就从巢里掉了出去。这次因为事先有准备，乌鲁鲁从容地接住了第二只掉下来的小鸟。

　　"嗨！什么呀？怎么回事啊？"皮豆无法忍受这样的事情，"它怎么能谋害亲人呢？不行，我要把这个丑八怪挪出来，否则它还会害别的小鸟的。"

　　皮豆边说，边往前伸手，结果没注意脚下，"啪"一声摔了个嘴啃泥。幸好脚下是松软的草地，他才没有摔伤。他抬起头，看见两只被救的小鸟在他眼前的草地上，好奇地看着他。或许它们正在纳闷地想："我那个可怕的哥哥太厉害了，把这么大的东西都踢下来了呢！"

脑力大冒险

蜜蜜接到表姐的来信，信上说："请你来参加我的生日聚会！本周星期六，下午4点。"

秘密高兴得跳了起来，她可是有一阵子没有参加生日聚会了！

"星期六？今天就是星期六啊！"蜜蜜喊道。

她赶紧找到自己喜欢的连衣裙，扎上自己喜欢的头花。

"哎呀！我还没有准备礼物呢！"蜜蜜又喊道。

蜜蜜手忙脚乱地在家里乱翻乱找，希望找到一个好的生日礼物。可是什么也没有找到。

最后，她决定去书店买书送给表姐。

如果去买书的话，至少需要两个小时。从书店再到表姐家需要一个小时。蜜蜜抬头看了一下镜子里的钟表，她还有时间吗？

 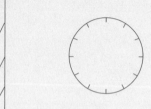

第十章

辛苦的鸟妈妈

同学们都朝皮豆这里看了过来，甚至怪怪老师也睁开了一只眼睛瞟了他一眼。乌鲁鲁趴在地上说："那只大鸟宝宝是只布谷鸟，是布谷鸟的妈妈把蛋放在了其他鸟的鸟窝里，和其他鸟的蛋放在一起，这样布谷鸟妈妈就不用自己抚养宝宝了。而且，布谷鸟宝宝会把别的鸟宝宝挤出鸟窝，这样它的养父母才能专心地照顾它一只。"

"太可恶啦！"

"哪有这样的事情？"

"它的养父母也太笨啦！"

同学们七嘴八舌地议论着。

这时候只见那只笨蛋鸟妈妈飞回来了，嘴里还衔着一条小虫子。那只布谷鸟宝宝把其他的鸟宝宝挤到一边，自己独吞了那只小虫子。鸟妈妈看见其

他鸟宝宝饿得"喳喳"直叫，又赶紧飞出去找食物了。

鸟妈妈刚飞走，吃饱了的布谷鸟宝宝又把另外一只鸟宝宝从巢里挤了出来。乌鲁鲁仍然快速地接住了它。

皮豆气得咬牙切齿，他说要爬上树，把那只坏布谷鸟宝宝扔出来。

等他爬上树，看见那只布谷鸟宝宝，又觉得不忍心了。小布谷鸟可怜巴巴地看着皮豆，害怕得浑身哆嗦。虽然它看起来比别的鸟宝宝都大，但是，它也只是一只鸟宝宝。皮豆绝不忍心把它扔出来，让它活活饿死。

皮豆小心翼翼地把窝里剩余的鸟宝宝拿了出来，这样总比一会儿被小布谷鸟踢出来强。他把五只鸟宝宝放在了一起，又找了一些小虫子来给它们吃。

蜜蜜凑过来，看着可怜的鸟宝宝们，眼泪都要掉下来了。连女王都过来打抱不平地说："太不公平了，可怜的小家伙们。"

就这样，他们围着五只鸟宝宝，而那只布谷鸟宝宝在窝里独自享受着养父母的喂养。

皮豆他们还各自有任务呢。于是皮豆坐在地上，一边看着身边的鸟宝宝，一边数着那个可怜的鸟妈妈来回的次数。真是个傻妈妈，难道没发现树下的才是自己的孩子吗？或许这对傻父母也是看到布谷鸟宝宝可怜的样子，不忍心拒绝它的求食吧。

不知道过了多久，皮豆困得上下眼皮直打架。但他还是非常认真地睁大了眼睛数完了鸟妈妈和鸟爸爸两个小时内飞回来的次数，一共是20次。也

就是说它们每小时飞回的次数是20÷2=10次。每天早上天一亮，这些辛勤的鸟爸鸟妈们就开始飞出去找食物，一直到天黑了才归巢休息。

皮豆低头算了算，从早上5点一直到晚上7点，也就是19点，19-5=14，就是说这对养父母一共工作了14个小时。每小时都飞出去10次，来回就是20次。他最后得出结论，这对养父母为了抚养它们的养子，每天都要飞行20×14=280次。整个算式是：

20×（19-5）=280

算完以后，他自己都觉得很吃惊，这对伟大的养父母自己过着半饱半饥的日子，整天忙忙碌碌，却一直给养子小布谷鸟送去肥肥的小青虫。乌鲁鲁说它们一直忙到秋天，布谷鸟才能长大。长大后的布谷鸟飞走了，边飞边叫着："布谷布谷。"再也没回来看过它的养父母。

皮豆一想到这里，就觉得鼻子酸酸的。他甚至觉得布谷鸟的叫声应该是："不哭不哭。"说不准它们也是很无奈的。

皮豆忽然很想念自己的爸爸妈妈，妈妈在厨房里忙里忙外的，他却挑剔着这个不好吃那个不好吃，工作了一天的妈妈如果做饭做晚了，他也会气鼓鼓地发脾气。

那天回到家以后，皮豆抱着妈妈亲了亲她的脸，又抱了抱爸爸。他觉得以后要尽量多体谅爸爸妈妈。皮豆的妈妈感动得眼泪都掉了下来，她说："我们家皮豆长大了呢。"

脑力大冒险

皮豆骑着教室里的扫帚，在学校的走廊里飞速奔跑。到了怪怪老师门口，他使劲转动着手里的扫帚，好像要加油一样。

"怎么才能飞起来呢?"皮豆大声嘟囔着,希望怪怪老师能听见。

突然,扫帚真的飞起来了!

皮豆又紧张又兴奋,紧紧地抓住扫帚柄,两腿也夹得紧紧的。

扫帚在走廊里穿梭,撞倒了花盆。

扫帚飞过校长头顶的时候,被校长一把抓住。

"咣当"一声,皮豆坐到了地上。

校长对着皮豆大声喊道:"不许带飞行玩具来学校!跟我到校长室来!"

皮豆一下午被关在校长室,帮校长做一道题,找规律、填时间:

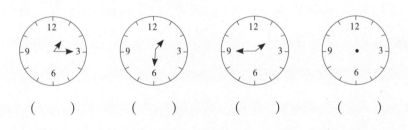

第十一章

骑扫帚旅行

雨不停地下，不停地下，一直下了三天，阳光终于重新照耀着大地。皮豆班上的同学们可都憋坏了，因为下雨，课间都不能出去，只能闷在教室里。

如果在教室里什么也不干，那岂不是非常无聊？所以，他们玩追人的游戏。追来追去，可能撞倒了椅子桌子，也有可能追人的抓住了被追的人的衣服，被追的人又不想被抓住，于是使劲挣脱，挣着挣着就变成打架啦。

皮豆他们班的同学之间本来挺友好的。但是有一次，皮豆和胖大力在走廊里玩摔跤，玩着玩着，皮豆一不小心把胖大力的脸挠了一下，没想到胖大力的脸皮这么薄，一挠就破了。胖大力一摸出血了，吓得哇哇大哭起来。正好校长从这里经过，误认为他们在打架，于是叫他们去校长室罚站。

所以，下大雨的日子里，校长办公室里罚站的同学最多。有一次，校长办公室里都站满人啦，校长只能去别的地方工作。结果，在校长室里的同学们呢,不知道什么原因,又打起来了。

校长气得直挠头,说:"每个班级都要开纪律大会,要强调纪律的重要性!"

怪怪老师等着校长走后,看了大家十秒钟,大家也看了怪怪老师十秒钟。怪怪老师笑了笑,翻开书说:"同学们,注意听讲,本小姐接下来要给你们讲的是重量问题……"皮豆刚才还在想罚站的事会不会告诉家长,听了怪怪老师的话,顿时蒙了,怪怪老师怎么变成小姐啦?皮豆忙捂着嘴偷偷问女王,女王一指书,哦,原来是本小节……

"明天来学校时,一人带一个扫帚来。"怪怪老师下课的时候没有讲别的,只说了这句话。

"拿扫帚干吗?"皮豆问。

"可能是要大扫除吧。"胖大力说。

"大扫除也不用拿扫帚哇!"女王探过头来说。的确,教室后面就有扫帚。

"让你拿,你就拿呗,明天就知道了呀。"博多收拾完书包,先走了。

那天,皮豆回到家里特别听话。他小心试探,看看老师有没有告诉家长他被罚站的事。一切都很正常,好像不用担心嘛!

第二天,皮豆班里的同学一人拿着一把扫帚来到教室,怪怪老师也带来一把扫帚,乌鲁鲁跟在他身后。他刚踏进教室,教室立刻就变啦,所有的同学都拿着扫帚站到了宽广的原野上。

只见怪怪老师跨上扫帚，然后嘟嘟囔囔地念了些什么，"嗖"的一声，他就飞起来啦。怪怪老师骑着扫帚像旋风一样在原野上飞，同学们都欢呼起来。他们学着怪怪老师的样子跨上扫帚，然后像乱蹦的蚂蚱一样横冲直撞。一开始刚刚离开地面就会掉下来，后来就越飞越像样了。还是十一最先飞起来，他和他的扫帚直冲云霄，简直要穿越大气层啦。

皮豆也使劲往上冲，乌鲁鲁坐在他的扫帚后面。乌鲁鲁冲皮豆喊："飞慢点儿，掉下去会把你的脖子折断。"

"不是我呀，"皮豆喊道，"是这扫帚，它不听话呀！"扫帚就像野马，要想骑它，首先得驯服它。所以怪怪老师选择这样宽广的原野，就不会碰到什么东西啦。

而这些扫帚想尽办法要甩掉这些同学，使用了各种手段，有时横冲直撞，有时飞成十字形，有时向上飞，忽然又一头栽下去……尽管同学们被甩来甩去，但是没有人掉下来。只要紧紧地抓住扫帚，骑得稳稳的，根本就甩不掉。最后，所有的扫帚都投降啦，跟小绵羊一样听话。

怪怪老师说："都跟我来。"于是老师领头在前面飞，同学们骑着扫帚在后面跟着。他们像是一群鸟，只是不知道怪怪老师要领这群"鸟"飞到哪里去。

他们慢悠悠地飞到一片森林里，乌鲁鲁指着下面说："快看，一只狐狸正蹲在兔子窝旁边，等着兔子出来，它就会一下子扑过去。"皮豆朝狐狸吐了一口口水，乌鲁鲁说："你干吗？"皮豆笑着说："狐狸会以为下雨啦，嘻嘻

嘻。"这时候真的有一只兔子蹿出来，但是，因为刚才狐狸以为下雨了，所以抬头看了看天。就在狐狸抬头看天的工夫，兔子飞一般地钻进了旁边的矮树丛里不见了。狐狸很是懊恼，它想，守了一上午的美味就这么跑了，可是真奇怪，大晴天的怎么会下雨？

脑力大冒险

　　同学们骑着扫帚开始大冒险了！十一足足比皮豆高出了5公分，可是他们俩的体重却是一样的。他们俩的扫帚，哪个会更辛苦一些呢？

第十二章

一克蜂蜜惹的祸

"快看,那是什么?"皮豆叫道。

他们飞到了森林里一棵巨大的橡树上空。森林里正在发洪水,洪水已经淹到了树干一半的位置。树干的枝杈上有小动物的巢穴,分别是老鼠三姐妹、松鼠一家、乌龟先生、刺猬兄弟俩和睡鼠夫妻俩。树顶端的蜂巢上爬满了蜜蜂。蜂王正在担心,如果洪水还不退去,这些动物们没有了食物,会不会打它们蜂蜜的主意。所以,蜂王派工蜂在蜂巢周围时刻守卫着。

"怎么回事?"皮豆说,"刚才的地方地势低洼没有被淹,怎么上面反被淹了呢?"

"是很奇怪。"乌鲁鲁说,"我们好好看看是怎么回事。"

扫帚好像听懂了他们的话,"嗖"的一声,飞到了橡树下面。他们顺着洪水的流向找原因,肯定是出了什么事啦。

正飞着，忽然传来了"轰隆隆"的打雷声。他们顺着声音找去，原来是一个绿巨人，正躺在山坡上睡觉呢。他的胳膊和腿，像一道堤坎，挡住了山上往下流的水。

"嗨，我们去叫醒他！"乌鲁鲁叫道。

"等一下，看我的。"皮豆神秘地说，然后把扫帚把伸进了巨人的鼻孔里。

"阿——嚏！"只听一声巨响，好像开山放炮一样，飞在天上的怪怪老师和同学们都被震得颤了一下，橡树上的动物也被震得像在蹦蹦床上跳了一下似的。

绿巨人也被自己的喷嚏声震醒了，他一下子坐了起来，山上的水像瀑布一样哗哗流下来。不一会儿工夫，橡树上的动物就发现，洪水已经退啦。

动物们欢呼起来，慢慢恢复了往日的生机。刺猬兄弟俩顺着床单爬下来。睡鼠夫妻俩好像还没有在树上待够，正窝在巢里说悄悄话呢。而老鼠三姐妹不知道因为什么争执了起来。

蜂王正在为自己刚才敌对的态度感到内疚，它决定送给每家一克蜂蜜。听了蜂王慷慨的决定，大家鼓起了掌。

睡鼠太太问它的先生："1克有多少？够我们吃几天的？"

"亲爱的，1克是很少的一点点，我敢说就像一滴雨那样，都不够我们塞牙缝的呢！"睡鼠先生说。

"亲爱的，你真有学问，你应该告诉大家，省得大家期望太高，到时候

失望。"睡鼠太太说。

睡鼠先生受到了鼓舞，它说："一个大点儿的苹果就能有500克，两个就是1000克，就是1千克。"

"你说了两遍1000克，完全没必要嘛，咱又不是听不见。"老鼠大姐说。

"不是的，老鼠小姐，我第一遍说的是1000克，第二次说的是1千克。克和千克是两个不同的质量单位。"睡鼠先生礼貌地说。

"你在故弄玄虚，我说，1000克是不是等于你说的1千克？"老鼠二姐说。

"我说，你们知不知道为什么你们姐妹三个总也嫁不出去？你们这么说话，太没有教养了。"睡鼠太太爬了起来，它可不能听见别人侮辱它的丈夫。

"睡鼠太太，你说话注意点儿，我什么时候说过话啦？你为什么说我呢？"老鼠三妹说。

于是，蜂王还没有分蜂蜜，大家就叽叽喳喳地吵起来。

这时，怪怪老师他们发现皮豆不见了，派博多回来找他。博多飞过来看见皮豆，大声喊道："走啦，你已经落后了！"

皮豆只好飞起来，心里还想着，蜂王到底分没分蜂蜜呢？如果我不走，是不是也应该分给我一些啊。不过只有1克那么多，蜂王可是挺抠门的。睡鼠先生说得不错，还不够塞牙缝的呢。

皮豆终于追上了大部队，他迫不及待地告诉女王，自己刚才做了一次森林超人，救了森林里无数的小动物。女王却只是笑了笑，说了句："哦。"

"你难道不信吗？"皮豆着急地问。

"我们信，你刚才的英雄事迹我们都看见啦！"胖大力飞过来说。

1只鸭重2千克

2只鸡的质量=1只鸭的质量

5只鸡的质量=1只鸭的质量+1只鹅的质量

1只鸡=（　　　）千克，1只鹅=（　　　）千克

第十三章

乱扔垃圾的后果

女王一进教室，就看见皮豆拿着一面小镜子，对着镜子里的自己眨巴眼睛。

"你干什么呢？"女王问。

"我在算我一分钟能眨几次眼睛。"皮豆说。

"能眨几次啊？"女王也很好奇。

"一百来次。"皮豆好像还挺自豪。

"问个问题，"女王想难倒皮豆，"人的一生中，睁眼次数多，还是闭眼次数多？"

"这个……这个，是睁眼吧？不对，是闭眼？"皮豆还真搞不准。于是在那里更快地眨巴眼睛，每次闭上都会睁开，每次睁开也还会闭上。

"是一样多。"皮豆肯定地说。

"不对!"女王说,"如果你出生的时候是睁着眼的,到你死,那就是一样多。"

"如果你出生的时候是闭着眼的,那到你死,就是闭着眼睛多。"女王接着说。

"那……你要是死的时候是睁着眼,就是那种'死不瞑目'的呢?"皮豆不想承认自己说错了。

"你才死不瞑目呢!"女王生气地说。

正说着呢,只见蜜蜜气呼呼地进来,冲着皮豆直嚷嚷:"你说,你今天上学的时候是不是坐的公交车?"

"是啊,我每天都坐公交车。"皮豆一头雾水地说。

"你是不是靠窗户坐的?"蜜蜜接着问。

"是啊,你看见我啦?"皮豆兴奋地说。

"少打岔!你是不是往车窗外扔了一团纸?"蜜蜜越说越气愤。

"是……可能是吧?"皮豆忽然想起来,他在车上擤鼻涕的纸让他顺手扔到了窗外,那时正好有辆黑色的车开过来……难道……那是蜜蜜家的车?

"你的纸刚好挡住了我家司机的视线,他一走神,本能地驾驶车子往旁边一闪。"蜜蜜伤心的样子让皮豆看起来好担心,好像发生了很大的事。

"然后呢?"女王探过头来问。

"然后,旁边的车也往边上躲让。"蜜蜜越来越伤心地说。

"再然后呢?"皮豆也好奇起来。

"再然后,最边上的车冲进了绿化带,那刚好是辆消防车。"

"啊?"女王和皮豆都张大了嘴。

"有一个工厂失火了,正等着消防车救援呢,结果消防车去晚了,工厂也被烧啦。"蜜蜜越说越起劲。皮豆和女王越听越玄乎。

"不可能!"皮豆说,他可不能承担这么大的责任。

"不可能?还有比这更厉害的呢!工厂烧了,给工厂供货的厂子也倒闭啦,因为,没有人需要他们的货了。接二连三的工厂都倒闭啦,工人们都失业了。你不信?回家问问你爸爸,说不准他也失业了!"蜜蜜说到最后,好像皮豆犯了滔天大罪一样,恨得牙根痒痒。

"我再也不往车窗外扔垃圾了。"皮豆眼泪都快掉下来了。

"别听她瞎说,她骗你呢!"胖大力伸过头来对皮豆说。

蜜蜜看着皮豆的样子,"扑哧"笑出声来。她得意地说:"看你以后还敢不敢乱丢垃圾!"

"下午体育课,有一场足球友谊赛,山南小学的要来和我们比赛!"十一风一样地跑进教室,刮进来这么个消息。

一群小女生围过来,她们都是十一的粉丝,会在赛场上给十一加油,使劲喊:"十一加油!谁最棒?十一最棒!"

皮豆也是足球队的一员,不过他是守门员,十一是前锋。听到这个消息,皮豆也很兴奋,按照女王的话说:"我们早就准备好了,就等着他们来啦!"

一场比赛60分钟,比真正的足球比赛要少30分钟,也就是少半个小时,因为老师说他们还是小孩子。"其实根本不用担心,我们完全可以打满90分钟,也就是一个半小时的比赛。"十一经常这么说。

皮豆可不敢这么说，他觉得比赛60分钟已经很长啦，幸好中间还有15分钟的休息，他又是守门员，否则他真怀疑自己能不能撑下来。守门员可不是个简单的工作！他要承受很大的压力。你看，女王过来朝他挥挥拳头说："要是让对手进球，你就给我等着吧。"

蜜蜜也过来说："别给我们丢人哦！绝对不能让对方进球！"别的女生也过来冲他笑笑，好像都在说："拜托啦！"就连博多也过来，拍拍他的肩膀，虽然什么也没说，但是就跟说了一样，皮豆完全明白这一拍的意思。

脑力大冒险

蜜蜜家有一个闹钟，每小时比标准时间快2分钟。星期天早晨7点整，蜜蜜将闹钟调准时间，定上闹铃，想让闹钟在11点的时候，提醒她帮妈妈做饭。蜜蜜应当将闹钟的时针和分针分别定在几上？

第十四章

争分夺秒的足球赛

皮豆觉得压力很大，他偷偷地找到乌鲁鲁，说："如果对方进了球怎么办呢？"乌鲁鲁"呜呜"叫了几声，用脑袋蹭了蹭皮豆的腿，说："别担心，进了球也不只是你的过错，你们是一个团队，大家都有责任。"

"别人可不这么想。"皮豆很担心地说，"你得帮我，乌鲁鲁，我知道，只要你肯帮我，我们就一定会赢！"

"不！坚决不！这叫作弊！这样做对别人不公平！"乌鲁鲁跳开来，生气地说。

皮豆又走上前，不断地央求乌鲁鲁。乌鲁鲁不再理他，"嗖"的一下就跑得没影了。

皮豆度过了一个忐忑的中午。乌鲁鲁不知又从哪里跑回来了，对皮豆说："两个小时后，比赛就结束了，别担心，我们一定能赢的。"皮豆笑了笑，

觉得自己一定会尽力的，这样就行了。

　　他们在下午2点抵达比赛场地。比赛3点开始，还有一个小时的热身时间。山南小学的足球队也已经到了。他们看起来状态很好，各个精神抖擞，充满了信心。

　　"60分钟后，我们就会和对手一拼高下啦。"皮豆既有点儿担心，又有

点儿跃跃欲试。场外站满了加油的同学，竟然还有山南小学的啦啦队，他们一起喊着："山南小学加油！"

在两队都完成了热身以后，裁判出场了。现在是下午3点整。裁判看着手表，大声喊："开始！"

两队准备开球，乌鲁鲁在场地外面的边线上跑来跑去。两队都在球场上带球、传球，但是一直到比赛进行了15分钟，也就是四分之一小时，双方都没有进球得分。忽然，山南小学的一名同学带球冲出重围，起脚射门。

皮豆全力扑救，但是太晚了，球进了。山南小学第一次进攻得分，现在领先一分。裁判吹了一下哨子，提示上半场比赛进行了一半——比赛已经进行了15分钟了。

在裁判吹哨5分钟后，十一有了一个非常好的机会，他风一样地带球冲刺，然后猛踢一脚，球越过了山南小学的守门员，进啦！

女王她们这些小女生，使劲叫起来："十一！十一！十一！"连乌鲁鲁都高兴地跳着，"汪汪"叫了起来。皮豆也舒了一口气，总算追上了分数，现在是1比1平。

然而，就在离上半场比赛结束还剩2分钟的时候，山南小学的同学又得到一个进球机会。十一试图把球夺回来，他飞快地跑过去，刚要伸脚踢球时，对方已经一脚劲射，把球朝皮豆踢了过去。场外立刻安静下来，大家屏住呼吸，看着球。球飞得太高，皮豆眼看着自己够不着了，他使劲往上一跳，用头把球给顶了出来！

场外立刻传来了欢呼声，当然还有山南小学同学们失望的叹息声。皮豆得意极了。就在这时，裁判吹响了哨子："中场休息！"上半场比赛过去了，场上比分是1比1平。

两队球员离开场地休息15分钟。

中场休息的时候，怪怪老师给了每位球员一块巧克力，还给了乌鲁鲁一根骨头。"皮豆，干得不错！"他说。皮豆觉得巧克力特别甜，吃完以后自己又充满力量了。他朝以女王为首的那群女生看了一眼，女王正笑眯眯地看着他，朝他伸了一个大拇指。

"已经休息15分钟啦。"裁判大声地喊，他吹起了哨子，下半场比赛开始。接下来，两队的防守都做得很好，又过了15分钟，双方都没有进球，当然也就没有人得分。已经比赛了45分钟了，场上比分依然是1比1。

又过了10分钟，又过了3分钟，又过了1分钟，比赛只剩下1分钟了。皮豆大声喊："最后的机会啦！"这时候，于果一记头球传给了十一，十一转身接球，然后带球飞奔。球赛剩下了最后的15秒。十一一边跑，观众们一边高声计秒倒数：15、14、13、12……"

正当十一准备射门的时候，突然遭到一位山南小学同学的封堵，他没有办法射门得分。

"10、9、8……"观众继续高声数数。

十一迅速将球传给于果，于果一脚将球踢进山南小学队的球门。

"我们赢啦！我们赢啦！"队员们欢呼起来，场外的女王和蜜蜜她们也欢呼起来。

当然最后还要和山南小学的同学握手说再见。他们表现得也很棒。皮豆想:"这场团队的比赛,大家都是胜利者,因为大家都拼出了自己的全力。如果我要乌鲁鲁帮忙的话,比赛真的就没有意思了呢!"

"没想到最后一分钟也能出现这样的奇迹!真是太了不起啦!"皮豆听到大家这么议论着,心里甜甜的。

脑力大冒险

皮豆晚上8点将手表对准,到第二早上8点发现手表慢了3分钟。估计一下一整天下来皮豆的手表会慢几分钟?

第十五章

去仙女村度假

　　今天一走进教室，皮豆就感觉有种不同寻常的气氛，几个同学围在一起小声地说个不停，看见他过来，都"呼啦"一下散开了。皮豆平时一看见几个人在说什么就会凑上去，然后问："什么，你们在说什么？"什么事情都少不了他的参与。可是今天例外，大家都像商量好了一样，皮豆一来，他们就不说话了。

　　皮豆觉得好像被世界抛弃了，没有人愿意理他了。他沮丧地坐在自己的位置上，把头埋在胳膊里。上课了，怪怪老师来了。只见怪怪老师拿着一把尺子在黑板上画了好多线段，然后标出这条线段是5厘米，那条是15厘米。皮豆预习过了，他知道，直线上两个点和它们之间的部分就是线段。

　　怪怪老师转过头，对同学们说，他们要举行一场比赛，可以成功穿过他设置的迷宫并且获得前六名的同学，就可以获得到仙女村度假的机会。

　　"怪不得我一进教室就觉得肯定有什么事情发生，原来是这件事。"皮豆想,"我一定要获胜! 管他是什么迷宫。"

这时候皮豆觉得有点儿不高兴了,这么好的事情,为什么他现在才知道。他对旁边的博多说:"我不仅要参加这次比赛,而且要得冠军!"

"不对! 要拿冠军的是我! 我一定能打败你!"博多气势汹汹地说。

"等着瞧吧,这句话我一定会一字不漏地奉还给你!"皮豆毫不示弱。

"你说什么?"博多不敢相信,皮豆怎么有勇气说这样的话。

"他好有信心的样子哦!"蜜蜜说,同时又很担心地嘟囔,"不知道我能不能有机会去,可是真的很想去仙女村啊!"

"放心好了,比赛的时候,你紧紧跟在我后面。"博多安慰她说。

而这边,女王自己暗下决心:"我一定要拼尽全力获得这次度假的机会!"

迷宫由无数不同长度的线段组成,同学们都非常努力地走,想要最先到达。难度很大,他们可不是像我们平常走迷宫一样,在书上用手指着走,他们可是用脚在独木桥上不停地走。

运气总是在和大家捉迷藏,得了冠军的竟然是十一,皮豆和博多并列第二,蜜蜜因为紧紧跟在博多后面,竟然得了第三,女王第四个到达,还有于果,他们一行六个人得到了去仙女村度假的机会。

去仙女村的路上既兴奋又期待,大家七嘴八舌地议论着。

"我好想知道她们长什么样子。"女王说。

"她们一定很漂亮,都穿着最好看的衣服。"蜜蜜向往地说。

"她们有魔法棒吗？"皮豆好奇地问。

"当然有啦！"于果回答道，"还有魔法戒指和魔法药水，仙女的所有东西都是有魔法的。"他心里想着，这肯定是一段很难忘的经历。

"谁说仙女村就一定会住着仙女啦！说不准只是叫这么个名字而已。"十一总是会扫大家的兴，"你说呢，乌鲁鲁？"

乌鲁鲁只是"呜呜"了两声，他或许也不知道呢。

另外，必须交代一下，他们几个人是怎么去的。他们是坐在自己的座椅上，舒舒服服地飞过去的。他们飞过森林，飞过草原，真是舒服极了。直到有人喊："我的屁股都坐麻了。"他们才在一片花的海洋里降落了。

仙女皇后亲自出来迎接他们，他们紧张又兴奋地打量着仙女村。这里并没有想象中那么神奇，除了仙女皇后的王宫看起来像童话里的城堡，其他的都是普通的木头房子，每户房子周围都种着各种各样的鲜花。

仙女皇后早就通知村民们说，有几位贵客要来她们这里度假，所以村民们已准备好了他们几个人住的地方——几个大大的南瓜房子。

他们发现，南瓜房子好像是刚修好的，还没来得及晒干呢，里面的墙壁看起来湿漉漉的。好在房子里的地面上铺着漂亮舒服的地毯，装修得也很温馨。接下来的几天，他们要在这些南瓜房子里度过啦。

脑力大冒险

请你用线段创造一个迷宫，让你的同桌走走试试，看看是你的迷宫厉害，还是他走迷宫的技巧更胜一筹。

第十六章

仙女村遇险

在这里的第一个晚上，仙女皇后为他们举办了一场欢迎晚会。他们围着篝火，和仙女们一起跳舞。仙女村的月亮好像和别的地方不一样，格外明亮，散发着柔和的黄色月光。在月色里，他们尽情地跳啊唱啊，忘掉了一切。

第二天，穿白色衣服的住在百合花围绕的房子里的仙女，带他们参观了村庄，并和这里的各位仙女见了面。

第三天，穿粉色衣服、门前种满桃花的仙女，给他们做了各种仙女村的传统美食，比如蘑菇奶酪、百花汁、草莓酒和奶油蓝莓等美味。

第四天，皮豆他们要参加一场骑术锦标赛。不过，他们骑的可不是马，而是乌龟！乌龟趴在滑板上，皮豆他们坐在乌龟的背上。

乌龟说："你们要坐稳了，我可是很快的，你们一会儿就体验到飞驰的感

觉了。还有，一定要戴好头盔。"说着给了他们每人一个南瓜头盔。皮豆虽然觉得很滑稽，但还是听话地戴上了头盔。

"非常好。"仙女皇后也来了，她是裁判。她举着一面旗子说："比赛开始。"于是，乌龟用腿使劲地蹬地，滑板动起来，越滑越快，又快又稳地向前冲去。

十一依然是夺冠的热门人物，他不停指挥着他的乌龟向前滑。但是这只乌龟觉得十一的指挥是多余的，它自己知道怎么滑，而且它相信如果没有人在它背上指手画脚，它能滑得更好，于是就不怎么听十一的话。十一眼看着皮豆追上他，超过他，就开始着急，埋怨他的乌龟不听话。乌龟认为是十一的瞎指挥才导致他们落后的，现在它可听不得埋怨，于是跟十一争论起来。就在争论的时候，连最后面的蜜蜜都超过了他们。他们败下阵来，得了个倒数第一名。

而皮豆和博多为了争夺第一，坐在乌龟上互相拉扯对方，希望对方能慢下来，结果两人都从乌龟背上摔下来。女王从后面赶来，因为要躲避前面摔倒的皮豆就来了个急转弯，结果又和后面赶上来的于果撞到了一起。

也就是说，唯一没有遇到麻烦的选手就是蜜蜜啦，所以蜜蜜顺利到达了终点，成了冠军。

红玫瑰小仙女吹响了比赛结束的号角。蜜蜜摘下南瓜头盔，接受了仙女皇后亲自给她戴上的玫瑰花环。仙女皇后还送给她一根魔法棒，一本魔法书。真是好幸运啊！

接下来的一天，蜜蜜成了小伙伴们追捧的对象，大家都围着她转。因为大家对她的奖品太感兴趣啦。

"我好想知道，它究竟有什么魔法。"蜜蜜拿着魔法棒看来看去。

"我真希望它是我的。"女王眼馋地说。

而博多对魔法书更有兴趣，他随便翻了一页，是第123页，上面写着"降雨术"。他嘟囔了一句咒语，忽然天上乌云密布，一群黑压压的东西掉了下来，天哪，不是雨，是鱼! 是各种各样的鱼，它们掉在地上，因为没有水，所以在那里乱蹦乱跳。

大家都慌了神，博多赶紧改了咒语，又胡乱念了一句，接着又从天上掉下来了青蛙，青蛙掉到地上，开始呱呱乱叫。这下子整个仙女村乱了套。幸好仙女皇后及时赶来，收走了青蛙，又下了一场真正的雨，地上的鱼都顺着雨水游到了湖里。

有一个老婆婆出来，严厉地批评了仙女皇后，说她不应该随便就把魔法书交给一个不会一点儿魔法的人。玫瑰仙女告诉皮豆他们，这个老婆婆是上一届仙女皇后，已经退位了。仙女皇后没有办法，只好收回了魔法书。幸好她们没有想到要回魔法棒，蜜蜜把魔法棒藏在了身后。但是还是被一个穿黑衣服的仙女给揭发了，她把蜜蜜推到众人前面，说："快把魔法棒交出来，否则把你们关起来。"

"魔法棒是我的奖品，你们没有权力收回去。"蜜蜜决定保护她的奖品。皮豆、女王他们也站在了蜜蜜身边，说："没错，我们不能给你!"连鸟鲁

鲁都和他们站在了一起，低声呜呜着，吓得穿黑衣服的仙女不敢上前抢回魔法棒。

但是，当他们都走到一起的时候，那个老婆婆念了句咒语，一个大大的铁笼子就把他们几个罩在了一起。老婆婆说："不交出魔法棒，就别想离开仙女村啦。"别的仙女很想帮他们，但是都不敢得罪这个老婆婆，只能叹着气走开了。

当夜幕降临的时候，皮豆他们真是又冷又饿。好心的桃花仙女给他们送了一些桃花酥，他们感激得眼泪都快掉下来了。桃花仙女刚走，玫瑰仙女又来了，她悄悄地说："你们的笼子是由很多线段组成的，找到一根跟魔法棒一样长的铁棍，把它拔下来，就可以打开笼子出来了。在这个笼子里什么魔法也使不出来。"

玫瑰仙女走后，他们开始拿着魔法棒不断地比量，但是周围的铁棍不是比魔法棒短就是比魔法棒长，只剩最上面的一根没有比了。博多让鸟鲁鲁衔着魔法棒，把他举起来，这样就能够得着了。果然，最上面的那根和魔法棒一样长。

博多举着鸟鲁鲁使劲往上推，但还是差一点点才能把那根铁棍取下来。这时，于果说："我们再把博多举起来。"说完，他和皮豆、十一合伙抱起了博多，博多举着鸟鲁鲁，鸟鲁鲁用牙拔下了那根铁棍。刚拔下来，笼子就散架了。

蜜蜜拿着魔法棒说："送我们回教室。"

"呼啦"一下，他们回到了教室。怪怪老师奇怪地看着他们说："奇怪啊，不是还有一天才回来吗？怎么这么快就回来了？"

"我们……我们……"皮豆支支吾吾。

"我们想你了。"女王说。其他人都跟着附和。

怪怪老师狐疑地看着他们，他看见蜜蜜手里的魔法棒，似乎明白了什么，笑着说："仙女村的东西离开了仙女村就没有作用了。回去上课吧。"

直到现在，蜜蜜的床头上一直放着这根魔法棒，不过，真的一点儿用都没有，蜜蜜已经试过无数次啦。

脑力大冒险

一只绑在树干上的小狗，贪吃地上的一根骨头，但拴着它的绳子不够长，差了5厘米。小狗用什么办法才能抓着骨头呢？

第十七章

被困海底

小小角，真简单，

一个顶点两条边。

想知我的大与小，

要看张口不看边。

张口越大角越大，

张口越小角越小。

乌鲁鲁教给皮豆这个口诀，说学会这个口诀今天的数学课就难不倒他了。皮豆今天一大早就背会了这个口诀。数学真是越来越有趣啦，皮豆也是越来越喜欢。这不，女王刚坐下，皮豆就让她找一找教室里的角，看看能找到几个。

女王一副不屑的表情，指着课桌的角说："喏，这有。"然后又指着椅

子、墙角，又拿过来一把安全剪刀，把它打开，说："这儿也有。"然后又指着他的红领巾，说："这儿，这儿，这儿。"还有课本、文具盒等，女王指出来一大堆有角的东西。

"那你说，我们的课桌有几个角？"

"四个，这还用问？"

"用斧子砍去一个角，还剩几个？"

"三个……不对，是五个。"

"算你聪明！"皮豆说。

"哼，我本来就聪明，不是你算的。"女王很骄傲的样子。

皮豆伸伸舌头。

上课的时候，怪怪老师在黑板上画出了各种各样的角。皮豆心不在焉地看着，想怪怪老师会带他们去哪里呢。

果然，讲了一小会儿，怪怪老师大手一挥，他们都来到了海边的沙滩上。

皮豆和女王还有乌鲁鲁一组，用沙子堆城堡。皮豆对女王说："就差护城河了，加上水，我们的城堡就完工啦，你去弄些水吧。"

女王今天心情肯定是格外好，因为她对皮豆的命令没有反对。要是以前，她肯定打一下皮豆的头，然后说："让谁去呢？"

她很乐意去打水，因为她觉得小脚丫浸到凉凉的海水里，是件很幸福的事。"乌鲁鲁，我们和她开个玩笑怎么样？"趁女王去打水，皮豆忽然有了

个主意。他在女王回来的路上，挖了一个坑，在上面盖了张报纸，然后又在报纸上洒了一层沙子，一个完美的陷阱就做好了。

"我回来了……啊！"女王一脚踩到陷阱里，水桶飞出去老远，刚好落在皮豆身上，水顺着皮豆的裤腿流了下来。女王一看脚底下，就知道是皮豆故意陷害她。皮豆一看不好，拔腿就跑，女王在后面猛追。

正跑着，他们发现了海边的一艘小船。

"我们划一会儿船怎么样？"皮豆说。

"不怎么样，怪怪老师会不高兴的。"女王说，她暂时忘了刚才为什么追皮豆了。

"不会的，又没有什么危险，海上风平浪静。你要是害怕就别去了，我

和乌鲁鲁去。"

女王其实也很想划船，出海看一看。

于是他们偷偷上了船，往大海深处划去。

现在太阳刚好在海平面上，夕阳照得海面波光粼粼，远方好像有着某种吸引力。皮豆朝着太阳不停地划，他们离海岸线越来越远。直到太阳忽然消失在海平面下，夜色降临了，周围起了薄薄的轻雾。

"完蛋了，我们迷路了！"女王说。

"我们马上回去。"皮豆说，"乌鲁鲁快来告诉我方向，我看不见海岸线了！"

乌鲁鲁这时候却趴在船里，一副很痛苦、很想吐的表情。

"天啊，你这只有超能力的外星狗竟然晕船，这像话吗？"皮豆喊道，"快指给我方向啊！"

看着乌鲁鲁痛苦得抬不起头来的样子，女王心疼地说："别着急，我们一会儿就能回去。"

忽然他们感觉船下好像有什么响声，一个巨大的黑影出现在船下，然后黑影一顶，他们的小船翻了。

等他们醒过来，发现在一个小屋里，屋里有一扇密封的窗户。他们从窗口往外一瞧，吓了一跳，他们看见了水草、小鱼和海葵。

"我们现在在海底！"乌鲁鲁说。他看上去精神了一些，但还是没有力气。

皮豆环视周围，看见一个大铁门，铁门上有一个把手，是三角形的。他

转了一下把手，门竟然开了。他悄悄走了出去，女王跟在他后面，怀里还抱着乌鲁鲁。

脑力大冒险

一个房子4个角，一个角有1只猫，每只猫前面有4只猫，请问房里共有几只猫？

第十八章

潜艇上智擒海盗

走廊里突然传来了脚步声，"咚，咚，咚"，他们吓得赶紧躲在一扇门后。

"我说船长，我们不应该救他们，我们又不是保姆，带俩小孩干什么？"

"少啰唆！我们是什么？我们能见死不救吗？"一个浑厚的声音说。

"我们是海盗，我们是救死扶伤的海盗。"声音越来越近，听起来就很恐怖。

他们边说话，边从皮豆和女王他们前面走过去。皮豆吓得大气不敢出，幸好这两个人说得很起劲，没有看见门后的他们。但是当两个强盗走到关押皮豆和女王的房间时，就大声叫起来："拉警报，那两个小鬼跑了。"

"放心吧，他们跑不出去，现在可是在海底，哈哈哈……"一个海盗大

声笑起来。

"快跑。快，前面有扇门！快进去！"乌鲁鲁喊道。皮豆和女王赶紧推开前面一扇大铁门，进去以后，他们又使劲关上了门，然后坐在门后面开始大口地喘气。

"我们暂时安全了。"皮豆说。

"我可不这么认为。"女王拉了拉皮豆的衣角，让他往前看。

他们吃惊地张大了嘴巴，这里好像实验室一样，到处都是按钮以及忙碌的机器人。还有一个胡子很长的矮个子老头。那老头正回头看他们，他可能很久没看见小孩了，也吃惊地睁大了眼睛。

就这样，他们互相看了大概一分钟。

"嗨！我们是船长的孩子，来这里参观一下。"没想到，皮豆关键时候还挺机灵的。

"可是，我怎么没听说船长有孩子呢？管他呢，你们不许乱动里面的东西，最好马上离开这里，这里可不是游乐场。"老头好像相信啦。

"我们不会乱动的，这里的机器人是你做的吗？你可真厉害！"女王说。果然，听到别人夸奖自己，那老头态度好多了。

"那当然，这里的机器人都是我发明的，哈哈哈，这是世界上最先进的机器人。不过还没有完全做好，他们还听不懂人话，必须用遥控指挥。相信我很快就做好了。"矮个子老头在那里喋喋不休，乌鲁鲁则来到了一排按钮旁边。

乌鲁鲁按下几个按钮，这艘潜艇原来是由那些机器人操控的，现在乌鲁鲁改变了它的程序，使潜艇浮出水面，并且发出了SOS求救信号。

　　"我还要造更多的机器人！很多很多……我需要一个机器人大军，我要造出完美的智能机器人，我要统治全世界。"矮个子老头还在不停地说，好像一年没有说话了，今天都要说完一样。

　　一道亮光通过窗户射了进来，老头才发现一只狗正在操作他的遥控系统。"你活腻了吗？"老头跑去抓乌鲁鲁，但是乌鲁鲁很灵活地左躲右藏。不一会儿，那老头就累得直喘粗气。他边喘粗气边喊着："你这个可恶的东西，你会毁了我的实验室，你会毁了我的计划。"

"哦，天哪……什么情况？完蛋了，已经晚啦，我的潜艇怎么出海面了，这里可是船只来往密集的区域，我们很快就会被发现啦！"船长在船头大喊着，跑过来使劲敲着实验室的门："你这个笨蛋，你在干什么？开门！"

"完蛋啦！船长一定会开除我的，不能开门！哦……你这个可恶的东西！你毁了我的一切！"老头顾不上满头大汗，又向乌鲁鲁扑来。

"再坚持一会儿，乌鲁鲁，救援一会儿就到了。"皮豆说。

"加油啊！"女王说。

"快看，窗外有很多巡航舰！"皮豆高兴地说。

"真的呀！得救了！耶！"女王说。

他们从实验舱里往外看，看到巡航舰上的士兵抓走了海盗。那个矮个子老头忽然打开门，跑出去大声喊道："救命呀！我是被绑架的科学家！我是无辜的！我这里还有船长的孩子！快！来抓他们啊！"

"我一定要告发他！"女王说。

费了很大的劲，皮豆才向士兵解释清楚他们的遭遇，而且表明能抓获这些海盗全是他们的功劳。一个很和善的叔叔给了他们一些巧克力牛奶，说已经通知了他们的学校，老师很快就来领走他们。但是为了证明他们有更改电脑程序的数学天赋，他们必须做出一道题，就是数一数下面这个图形里有多少个三角形，有多少个角。

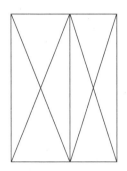

这可是个麻烦的工作，直到怪怪老师来找他们，他们也没数完。

脑力大冒险

　　王小二赶着他的羊在山路上走，遇见了另一个赶羊的人。王小二说："用我的羊的一半换你的一只羊，行吗？"对方很高兴地答应了。王小二继续赶着羊走，又遇见一个赶羊的人，他继续用自己的羊的一半换了对方的一只羊。这样换了四次，并且王小二还可以不断地换下去。请问：王小二原来有多少只羊？

第十九章

机器人理发师

美术课老师要求全班同学每个人带一个鸡蛋，当然是熟的。美术课时，大家在鸡蛋上画了各种各样的图画，图画画好了，上完美术课，这鸡蛋就是大家的课间零食了。

大家开始噼噼啪啪地剥鸡蛋，起先有些同学是在桌子上敲，也有些同学会用更奇特的办法敲，比如用蛋敲自己的头。敲头的方法也有两种，一种是轻轻地敲多下，也可以重重地在头上敲一下。

女王就用这种敲头的方式剥鸡蛋，不过是用轻轻地敲，敲了好几下才把鸡蛋敲破。皮豆可是重量级的，他站起来，把一只脚放到凳子上，手里紧紧地握着一个蛋，等着大家都盯着他的时候，使劲往头上一敲——你猜，怎么着？皮豆的鸡蛋是生的。

这一瞬间，好像世界末日到了，皮豆的整个手上沾满了碎蛋壳，同时，

所有的蛋液——那些凉凉的、黏黏的东西从他脑门上流下来, 流过他的脸庞, 滴答滴答掉在地上。同学们一下子没反应过来, 都屏住呼吸, 大概有三秒钟, 教室里静得出奇, 然后是一阵狂风暴雨般的笑声。

皮豆立刻冲进厕所, 把头放到水龙头底下使劲冲洗。冰凉的水从头上、脸上流下来, 他好想大声叫乌鲁鲁, 但是又害怕怪怪老师和乌鲁鲁笑话他。

咬着牙，皮豆把头冲洗干净了，头上还滴答着往下流水呢。

"丁零零……"上课铃响了。

他使劲一甩头，头发上的水甩出去老远，在地上画了一道弧线，然后他飞速地跑进教室。

怪怪老师走进教室，他奇怪地看着皮豆，幸好没有说什么，只是大手轻轻一挥。

同学们忽然都来到了理发店。

皮豆心想平时果然没有白白喜欢和崇拜怪怪老师。皮豆坐在舒服的沙发椅上，一位漂亮的，不过皮肤是蓝色的小姑娘，拿着干燥的热乎乎的毛巾给他擦干净头，又用吹风机将他头发吹干。与刚才凉凉的水相比，现在真是太舒服啦。

吹干头发后，蓝皮肤的小姑娘放下吹风机，叽里呱啦冲皮豆说了一大通话。皮豆听不懂，但是他正舒服着呢，就哼哼哈哈的"嗯"了一声。小姑娘拿起剪刀就开始剪，咔嚓咔嚓，两剪子下来，皮豆脑门上面的头发就刷刷掉下来，皮豆从镜子里一看自己成了秃子啦，再也顾不上舒服，一下子坐了起来。

旁边很多同学都坐在沙发上享受呢，看见皮豆的发型，都大笑起来，就连趴在沙发上的乌鲁鲁也抬头看了他一眼，"汪汪"地叫了两声。

好久没有听到乌鲁鲁这么叫了，大家差点儿忘记了他是条狗呢。

女王扭过头来在蓝皮肤小姑娘的胳膊上按了一下："这些都是机器人，

这是语言选择开关，老师刚才说的话你没听见？"

"哦，刚才光顾着舒服了。"皮豆不好意思地说。

那个机器人被换了语言，她说："请坐回原位。"

"你怎么把我头发剪没了？"

"你自己的选择，你刚才选择发长1毫米。"蓝色姑娘说。

"我不选1毫米，我要选择10毫米！"皮豆说。

"没有10毫米这个选项。"蓝色姑娘说。

"那有几毫米？"

"有1厘米。"

"1厘米就是10毫米，程序上没有那个设定嘛。"女王转过身来说。

"那我选择1厘米。"皮豆说。

于是，几分钟过后，皮豆的头发就是前面短、后面长的奇怪发型啦！

他无奈地走出理发店，埋怨怪怪老师说："本来还挺感激你的！"

怪怪老师不好意思地笑笑，其他同学都看着皮豆，一副想笑不敢笑的样子。皮豆别提心里多憋闷了。

离开理发店，怪怪老师并没有带他们回学校，而是来到了一个城堡前。城堡的门紧闭着，上面有四个数码锁，另外一扇门上有量尺。看来门的密码就是身高。

女王站在门边量了一下自己的身高：1.35米，也就是1米35厘米。密码分四格，第一格后面是米的单位，第二格就是分米的单位，第三格是厘米的单位,第四格是毫米的单位。

女王在第一格里按密码1.35米,在第二格里按密码13.5分米,在第三个格里按135厘米,最后一个格里,女王按了1350毫米。

门"吱呀"一声开了,女王走了进去。

下一个同学刚要进去,门立刻就被关上了,数码锁又锁上了。

原来,他们只能一个个地通过。

当所有的人都通过的时候,他们发现,这个城堡的屋顶上挂了三面不同的旗帜。每个旗杆都是一把尺子!

通往城堡的路也是刻着刻度的尺子,街道两边房子的玻璃上,也刻着刻度。皮豆想,这真是一个奇怪的地方。正想着,有一个小矮人从他们身边哭着跑过,他是个只有35厘米高的人。怎么这么准确地知道他有35厘米呢?因为他后背上写着:高35厘米。当同学们都惊奇地看着他的背影发呆时,又有一个小矮人哭着跑过来。

博多一下拦住了他,问道:"发生什么事情啦?"

"呜呜——"

看见有人问他话,这个小矮人哭得更伤心啦。

他结结巴巴地说:"国王快——死——啦!三个王子都不会做衣服,一个只会睡觉……一个只知道吃……一个只知道玩。再也没有衣服卖啦,面包国从明天开始就不给我们供应面包啦!"

脑力大冒险

6匹马拉着一架大车跑了6千米，每匹马跑了多少千米？6匹马一共跑了多少米？

第二十章

裁缝国奇遇

原来这是个裁缝王国，国王会做最好看的衣服。他们每天都在国王的带领下做一千件衣服拿到面包国去换面包。

但是，最近国王生病啦，三个王子都不会做衣服。他们做的衣服有的袖子短了3厘米，有的袖子长了5厘米，有的裤子左腿长3厘米，右腿短8厘米。没有一件衣服可以穿！

面包国的女王生气啦，说今天不送去合适的衣服，明天就不给他们供应面包啦！

皮豆他们推开门进了宫殿，宫殿里所有的人都在唉声叹气，没有人理他们。这些小矮人都在想明天早上没有面包吃，后天早上也没有面包吃——可能以后的早上都没有面包吃啦！

裁缝国国王的病越来越重，而三个王子做的衣服一件也卖不出去。大

家眼看着就要饿肚子啦。宫殿里的三个王子苦恼急了。

"呜呜……要是当初少睡点儿觉,多学点儿的话……"大王子说。

"呜呜呜……我光顾着吃东西啦……"二王子说。

"呜呜……我就知道玩……"三王子说。

皮豆也为他们着急,他说:"你们也不能就这么待着什么也不做啊,再努力一次吧!"

听了他的话,三个王子都扭过头来奇怪地看着他们,说:"你,你们是谁?来人啊,把他们抓起来!"

一群刚才还无精打采的小矮人士兵,立刻端着枪围了过来,他们的枪刚好对准皮豆他们的膝盖。

"我们是裁缝专家。"博多说,

"我们来是给你们送一样东西。"

"裁缝专家?你们会做衣服吗?"王子们一听,立刻就坐直了,两眼放光地看着他们。

"我们不会做,但是我们可以教给你们怎么做。"博多说。

皮豆心想,这不是要他们吗?自己不会怎么教给别人啊?

但那三个王子好像不这么想,他们肯定是想面包想疯啦,急切地问:"怎么做?"

"首先,你们要准备量尺。"博多说。

"我们国家到处都是尺子。"大王子说。

"然后，你们要知道面包国里的人穿衣服的尺寸。"博多又说。

"这个简单，我们知道，这里有一本记录他们尺寸的册子。"二王子说。

"第三，你们要用量尺在布料上，剪下册子上记录的尺寸。"博多说。

"我们这里有的是剪刀和布料。"三王子说。

"最后，你们要把剪下来的布料缝在一起。"博多一本正经地说。

皮豆想，这样做出来的是衣服还是麻袋啊？

三个王子立刻让仆人拿来了布料和剪刀，还有那病重的老国王给他们留下的面包国人的衣服尺寸。他们都是一个尺寸。

说干就干，很快，一件奇怪的衣服做好了。

大王子说："快，叫来骑兵，以最快的速度给面包国女王送去。"

话音刚落，一个骑兵，骑着……骑着蜗牛过来了。

"我觉得不用骑兵，用车兵比较快。"二王子说。

"我觉得也是。"皮豆说。

于是一个车兵，开着，开着……一辆婴儿车过来了。

皮豆想："他们明天别指望吃上面包啦。"

"我觉得我们用炮兵吧，炮兵比较快。"三王子说。

"也许可以试试。"皮豆说。

几个士兵推着一门大炮来了。他们把一个士兵装到了炮口里，然后一拉绳——

"嘭！"那个士兵被打出门外，飞上天空，不见了踪影。

他们一起鼓起掌来，说这个最快，一会儿就能到面包王国。

"但是……但是……他没有拿做好的衣服。"蜜蜜小声地说。

　　三个王子停止鼓掌，他们互相看了看，又看了看还在旁边的刚做好的衣服，异口同声地说："再来一次。"

　　这次换了个士兵，他把衣服背在了身上，然后爬进炮口。"嘭"的一声，冲向了天空。

　　过了大概一个小时，那两个被大炮打出去的士兵从天上掉了下来，正好掉在了宫殿门口，他们俩抱了一堆面包回来。

　　一个士兵气喘吁吁地说："面包国女王非常喜欢这件新款式的衣服，她说，做得太精致了，两个袖子一样长，两条腿也一样长。"

　　另一个士兵说："面包国女王定了一千套衣服，明天会按时送来面包。"

　　三个王子高兴地抱在了一起。

　　"快去通知臣民，明天一早去领面包。"大王子说。

　　"先去通知我可怜的老父亲。"二王子说。

　　"我们会设宴款待你们。"三王子对皮豆他们说。

　　很快，门外传来了臣民的欢呼声，他们都在为明天的面包欢呼，也在为他们的王子欢呼。

　　当然，三个王子拿出了他们最好的面包，款待了皮豆他们。

脑力大冒险

　　皮豆的妈妈要给皮豆烙饼吃喽！一个锅可以同时烙两个饼，烙好一个饼的一面需要一分钟。请问烙好三个饼最快用几分钟？

第二十一章

专心听讲的秘密

怪怪老师在讲台上给同学们讲解数学题，在讲完一道稍有难度的问题以后，老师习惯性地问道："同学们，你们听明白了吗？"如果是大部分人听明白了，就会听到大家齐刷刷地喊："听明白了。"

但是这次没有同学回答，很多同学面露难色，看来是没有听懂。

皮豆也没有听明白，所以不敢正眼看老师。这时，他往旁边一瞥，看见胖大力正在微笑地看着老师，还频频点头。"难道这家伙听明白了？"皮豆疑惑地想，"他可是平常最不认真听课的同学啊，真是不可小觑。"

怪怪老师环顾了一下四周，也看见胖大力很自信地微笑着看着自己。他很欣喜地说："大力，你来说说这道题是怎么理解的。"胖大力依然保持那种微笑的表情，一动不动。"大力，你来说说。"怪怪老师又大声说了一遍。

胖大力这次听见老师叫自己了，他慌里慌张地站起来，茫然地问："说什么?"同学们都憋着笑,安静地看着怪怪老师。怪怪老师倒是不生气,他笑着说:"我刚才讲的那道题,你给同学们说说,你的理解。"胖大力忽然涨红了脸,小声说:"我不会。"

怪怪老师愣了一下,可能觉得有些意外吧,教室的气氛也显得很尴尬,同学们开始窃窃私语。怪怪老师说:"那你读一下这道题。"

胖大力往黑板上看,黑板上列了十几道题,老师让他读哪一道呢?他挠了挠头,疑惑地问:"老师,请问是哪一道题?"

"哈哈哈……"同学们再也憋不住了,哄堂大笑。其中,皮豆笑得最厉害,他身子靠在椅子背上,双手还拍打着前面的桌子,好像嫌教室里不够吵似的。

"说,你刚才在那儿想什么呢?"怪怪老师生气地问,"有些同学坐得很直,好像在那里听课,实际上小脑袋瓜里不知道想什么呢,这就叫走神!"怪怪老师环视了一下教室,他现在很想知道有多少同学没有认真听课。

"如果上课不专心听讲,以后就别想获得好成绩啦!下课以后,每个人都要在后面黑板上写下自己专心听讲的办法。"

好不容易挨到下课啦,皮豆和女王还有好几个同学,呼啦一下子都围过来。女王学着老师的语气说:"说,你刚才在那儿想什么呢?"

"我正在想昨天看的动画片呢!"胖大力小声说。

"那你怎么还又点头又微笑的?你是不是故意耍老师呢?"皮豆问。

"才不是呢,这是我的秘密绝招。"胖大力悄悄地说。

"什么绝招？说来听听！"皮豆立马来了兴趣。

"你们可要给我保密啊！"胖大力故意弄得神神秘秘的。

"快说！"女王用书本砸了一下胖大力的桌子。

"我平常经常不认真听课，为了不让老师发现，我就假装认真听课，所以才冲老师微笑点头的。"胖大力趴在桌子上，探过头来悄悄地说。忽然，他又想起了什么，贼亮的眼睛盯着皮豆，看得皮豆脑袋直发麻。胖大力说："我们是不是朋友？我从来没有认真听过课，怎么会知道什么专心听讲的办法？后面黑板上的任务，你会帮我吧？"

"等他们都写完了，我们看一看再抄一抄就行啦！"皮豆附在胖大力的耳朵边小声地说。

终于放学啦！胖大力和皮豆来到教室最后面，看看同学们都写了点儿什么。只见黑板正中间写着："要专心听课，首先，要预习，就是在上课前要阅读新的课文和参考资料，把自己不会的、不明白的圈起来。然后，上课的时候要盯着老师的眼睛，要时刻保持和老师的眼神交流。这样可以减少走神的机会。"这一看就是博多的字迹，因为只有他练过书法，写得一手漂亮小字。再看黑板上，有一行写着："叽叽回答老师的问题。""哈哈哈……"皮豆笑得都直不起腰来了，不知是谁在黑板上也写错别字。"哈哈……笑死人啦。"他把"叽叽"两个字擦掉，改成了"积极回答老师的问题"。

还有的同学写着："耳朵要听着老师说什么。"

"这不是废话吗？难道这也叫专心听讲的技巧，早知道这样也可以，我也可以写很多。"胖大力很不服气地说，"都怪你，皮豆，要不是你让我们最后再写，我就可以写这条了。现在别人写了，我怎么办啊？老师还特别强调不能与别人重复。"

"说起来简单，最重要的是能做到！"博多竟然还没走，走过来插了一句话。

"你别吹牛，你都能做到吗？"胖大力很是不服气。

"当然，如果上课不能专心听讲，再聪明也不行，学习起来也很费劲啊！"博多觉得上课认真听讲是理所当然的。从一开始上学他就从不在课堂上走神。难怪他学习总是那么好。

皮豆拿起粉笔，在旁边也写了一条自己专心听讲的秘诀："听课的时候要多思考，想想刚才老师讲的我都会了吗？能不能复述一遍呢？"

"皮豆，你不够朋友，你还没帮我想想写什么呢！"胖大力看见皮豆也写上了，急得直嚷嚷。

"你别着急嘛，你想想平常听课的时候是什么惹你走神呢？"皮豆开始启发胖大力。

"有时候是桌子上的橡皮……文具盒或者我的变形金刚模型……"胖大力开始努力回想。

"那么，你就应该写'保持桌面干净整洁，没有杂物'。"皮豆说。

"这样也行吗？"胖大力很是疑惑地说。不过他看到别人写的"耳朵要听着老师说什么"都可以，那么他的这条也应该可以。

很快黑板上就写满了，胖大力的字长得很像他自己，宽宽大大的，很占地方。

没想到，下午的时候怪怪老师看到大家写得歪歪扭扭的字很开心。他说，大家写得都很好，也很对，只要按照上面写的做，就一定能得到好成绩。

胖大力刚松了一口气，就听怪怪老师说："尤其是大力同学写的要保持桌面干净，是非常对的。那就请大力同学清理一下你自己的桌子吧。"

胖大力的桌子上放着复仇者的文具盒、奇怪的带耳朵的橡皮、一按就会叫的自动铅笔，还有他最心爱的玩具变形金刚。胖大力很不好意思地把这些都放到了抽屉里，自己总结出来的专心听讲的办法，总不能不实践吧？

现在他课桌上只剩下课本、田字格本子、一支普通的铅笔和一块普通的橡皮。怪怪老师把同学们总结的专心听课的办法重新写在黑板上：

1. 要先预习，预习的时候多思考哪个地方不明白，留着上课听讲的时候解决。

2. 保持桌面干净，没有杂物。

3. 上课时，眼睛盯着老师的眼睛，要进行眼神交流。

4. 耳朵要听着老师说什么。

5. 要积极回答老师的问题。

6. 其他同学回答问题也要仔细听，想想他说得对不对，和你想的一样不一样。

7. 听课时要仔细思考老师的话，不懂的用笔记下来，课下问一问。

写完了，怪怪老师转过身来说："大家再仔细地看一遍，要记下来，然后最重要的就是：说到就要做到。"乌鲁鲁好像很赞成的样子，摇摇尾巴又点点头。

脑力大冒险

公园的路旁有一排树，每棵树之间相隔3米，请问第一棵树和第六棵树之间相隔多少米？

冒险大揭秘

第5页：

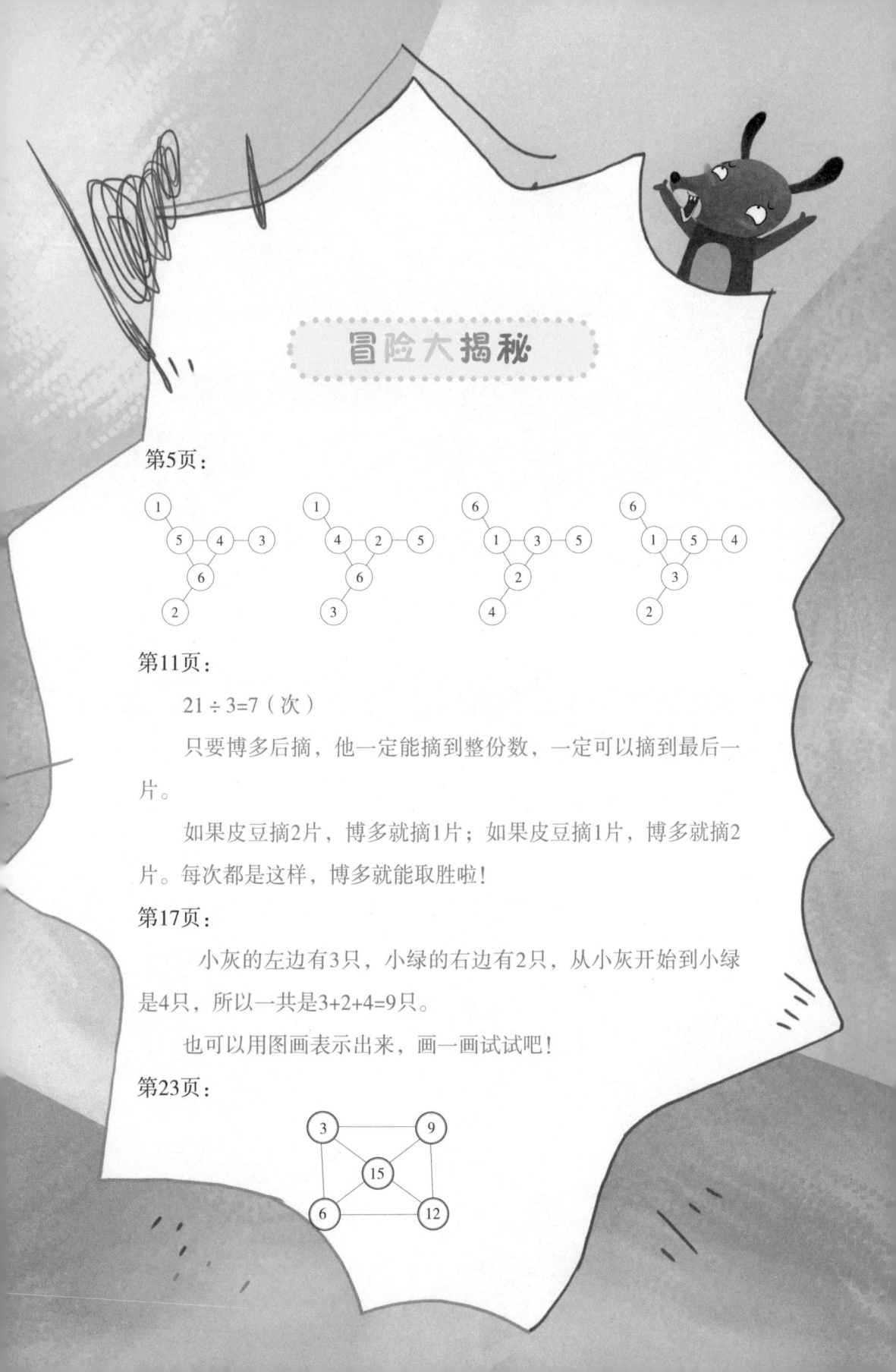

第11页：

21÷3=7（次）

只要博多后摘，他一定能摘到整份数，一定可以摘到最后一片。

如果皮豆摘2片，博多就摘1片；如果皮豆摘1片，博多就摘2片。每次都是这样，博多就能取胜啦！

第17页：

小灰的左边有3只，小绿的右边有2只，从小灰开始到小绿是4只，所以一共是3+2+4=9只。

也可以用图画表示出来，画一画试试吧！

第23页：

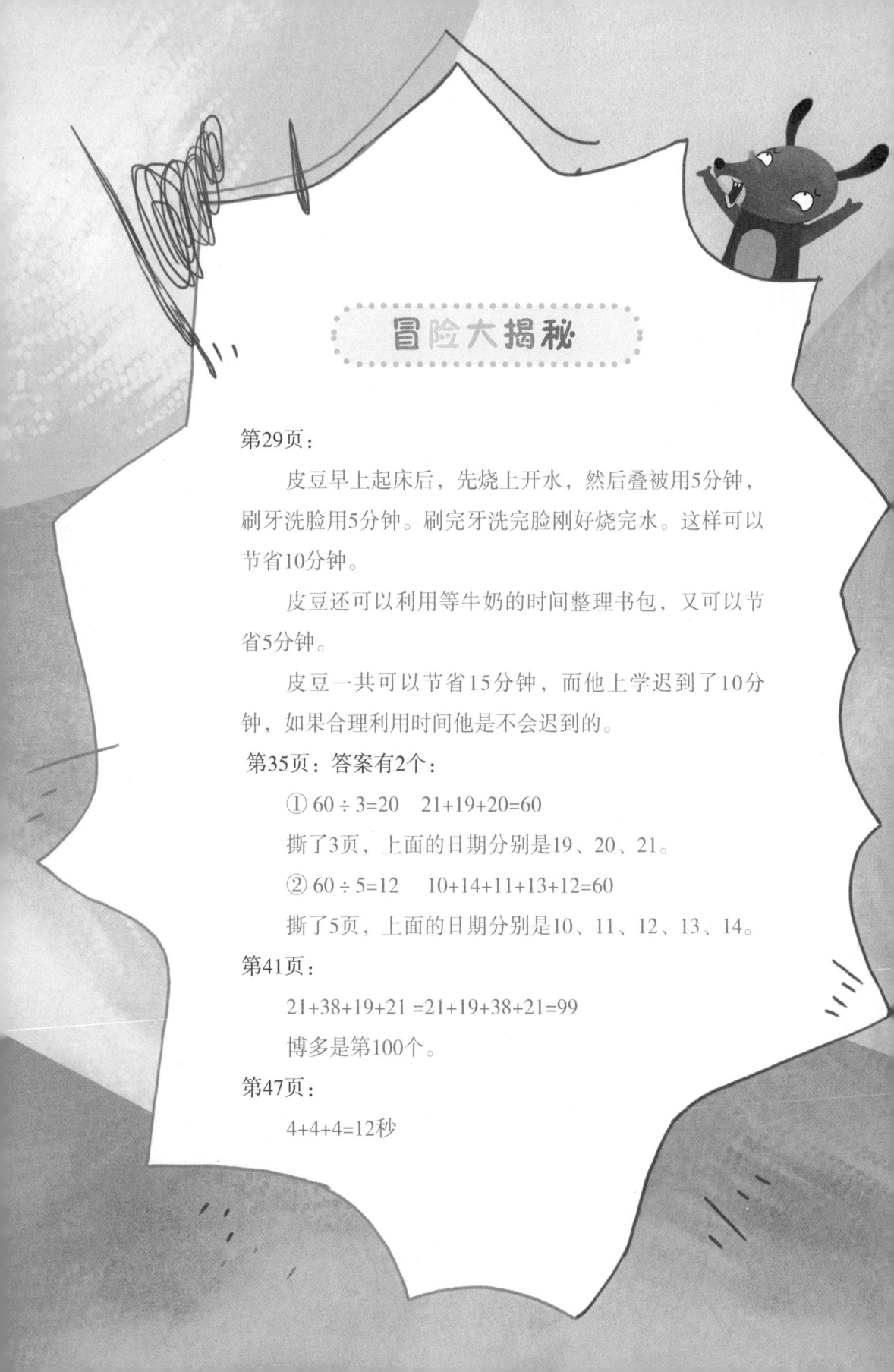

冒险大揭秘

第29页：

皮豆早上起床后，先烧上开水，然后叠被用5分钟，刷牙洗脸用5分钟。刷完牙洗完脸刚好烧完水。这样可以节省10分钟。

皮豆还可以利用等牛奶的时间整理书包，又可以节省5分钟。

皮豆一共可以节省15分钟，而他上学迟到了10分钟，如果合理利用时间他是不会迟到的。

第35页：答案有2个：

① $60 \div 3 = 20$　$21+19+20=60$

撕了3页，上面的日期分别是19、20、21。

② $60 \div 5 = 12$　$10+14+11+13+12=60$

撕了5页，上面的日期分别是10、11、12、13、14。

第41页：

$21+38+19+21 = 21+19+38+21 = 99$

博多是第100个。

第47页：

$4+4+4 = 12$秒